页岩气开发
环境负荷与环境承载力评估

李翔　李绍康　杨津津　主编

中国环境出版集团 · 北京

图书在版编目（CIP）数据

页岩气开发环境负荷与环境承载力评估/李翔，李绍康，杨津津主编．—北京：中国环境出版集团，2021.8

ISBN 978-7-5111-4843-8

Ⅰ.①页… Ⅱ.①李… ②李… ③杨… Ⅲ.①油页岩资源—油气田开发—环境承载力—环境质量评价 Ⅳ.①P618.130.8 ②X37

中国版本图书馆CIP数据核字（2021）第172027号

出 版 人 武德凯
责任编辑 赵楠婕
责任校对 任 丽
封面设计 宋 瑞

出版发行 中国环境出版集团
（100062 北京市东城区广渠门内大街16号）
网 址：http：//www.cesp.com.cn.
电子邮箱：bjgl@cesp.com.cn.
联系电话：010-67112765（编辑管理部）
010-67162011（第四分社）
发行热线：010-67125803，010-67113405（传真）
印 刷 北京建宏印刷有限公司
经 销 各地新华书店
版 次 2021年8月第1版
印 次 2021年8月第1次印刷
开 本 787×1092 1/16
印 张 10
字 数 200千字
定 价 46.00元

《页岩气开发环境负荷与环境承载力评估》

编写委员会

主　编　李　翔

副主编　李绍康　　杨津津　　张　颖

编　委　罗景文　　杨一飞　　常根旺

左朝晖　　任耀宗　　张　琦

马　妍　　李　彤　　徐　洁

秦邦国　　赵秀云

前　言

化石能源的日益枯竭和环境污染的日益严重是目前人类所面临的严峻挑战，新能源的开发和利用成为全世界关注的战略性课题，直接影响国家的安全和未来。页岩气是世界能源研究领域的热点之一，具有使用清洁、产量高和生产周期长等优点，其开发利用能有效地降低对石油和常规天然气的依赖，发挥了衔接化石能源和新能源的作用。我国具有优越的页岩气成藏地质条件和丰富的页岩气资源，据原国土资源部统计，全国埋深 4 500 m 以浅的页岩气地质资源量 122 万亿 m^3，可采资源量 22 万亿 m^3，具有可开发价值的有利区可采资源量 5.5 万亿 m^3。从 2005 年我国完成页岩气资源初探开始，到 2015 年，我国页岩气产量已达到 65 亿 m^3。为加速我国页岩气发展，国家公布了《页岩气发展规划（2016—2020 年）》（以下简称《规划》），确立了涪陵勘探开发区、长宁勘探开发区、威远勘探开发区、昭通勘探开发区和富顺—永川勘探开发区。逐渐成熟的页岩气开发技术与国家政策的支持，不仅为页岩气发展带来更多的机会，增加了经济效益，还有效缓解了国内的资源消耗压力。

随着页岩气开发规模的扩大，其潜在的环境问题引起了各国生态环境和水环境等领域的专家及广大民众的关注。相关资料显示，页岩气开发的公共设施建设以及废气、废水和固体废物的排放会给开发区带来土地占用、土壤污染、大气环境污染、水环境污染和水资源消耗等生态环境问题。目前，我国页岩气开发利用与开发区域环境承载力的关系尚不清楚。页岩气的开发只有在环境承载能力之内，才能保证开发区内生态系统稳定、完整的运行。因此需要构建页岩气开发生态环境承载力评价指标体系，完成对页岩气开发水和生态环境负荷与环境承载力的有效评估，指导页岩气的绿色开发。为此，本书针对我国页岩气开发缺乏对环境承载力量化方法的现状，通过对页岩气开发水环境和生态环境影响评价理论、方法和模型等方面的研究，开展页岩气开发环境承载力与环境效益综合评价技术研究，构建页岩气开发过程中水资源与水环境承载力评价指标体系与方法，建立页岩气开发生态环境承载力评价方法，并通过在威远地区的示范研究，为我国页岩气开发过程中的环境战略规划布局提供技术支撑。

本书系统总结了目前国内外对环境承载力内涵的定义及其评价方法，分析页岩气开发对生态环境尤其是水资源、水环境的影响，识别水资源消耗和水环境污染的影响因子，建立页岩气开发水环境负荷与环境承载力评价指标体系，结合页岩气单井耗水和排污水平，明确研究区可承载的页岩气开发规模。识别页岩气开发的生态环境影响因子，建立页岩气开发生态环境负荷与环境承载力评价指标体系，结合研究区生态环境背景，确定页岩气优先开采区域。同时注重理论与实践的结合，在研究过程中开展了多次野外场地调研工作，选取威远页岩气开发区开展示范研究，综合考虑页岩气储量和页岩气开发的水资源条件、环境影响、环境风险、成熟度等因素，在水环境和生态环境承载力评价的基础上，分析威远地区页岩气开发的环境可行性，提出短期和中长期适度的页岩气开发规模和水资源开发利用配置方案。通过页岩气开发生态环境承载力评价，确定威远地区页岩气开发的生态环境风险。

本书是“十三五”国家科技重大专项重点项目“大型油气田及煤层气开发”课题 1“页岩气等非常规油气开发环境影响评估与环境效益综合评价技术”子课题 3“页岩气开发环境负荷与环境承载力评估研究”（2016ZX05040-001-003）成果的凝练与提升，由中国环境科学研究院牵头组织编写。

本书总体框架由李翔设计，共分为 6 章。第 1 章为环境承载力研究现状，第 2 章为页岩气开发环境影响特征及机理研究，第 3 章为页岩气开发水资源承载力研究，第 4 章为页岩气开发水环境负荷与环境承载力研究，第 5 章为页岩气开发生态环境负荷与环境承载力研究，第 6 章为威远井区平台综合示范应用。

具体撰写分工如下：第 1 章由李翔、李绍康、杨津津、张颖、任耀宗编写；第 2 章由李翔、杨津津、李绍康、张颖、秦邦国编写；第 3 章由李绍康、李翔、罗景文、杨一飞、左朝晖编写；第 4 章由张颖、杨津津、李翔、常根旺、张琦、马妍编写；第 5 章由李绍康、张颖、徐洁、杨一飞、赵秀云编写；第 6 章由杨津津、李绍康、罗景文、杨一飞、常根旺编写。

本书的出版将推动页岩气开发环境负荷与环境承载力评估的研究，从源头上杜绝页岩气开发全过程的环境问题和环境风险。同时为后期优化页岩气开发布局使其与环境协调发展，以及确定开发区域与保护区域的划分和开发与保护优先顺序提供技术指导和理论支撑。可作为页岩气开发环境管理人员、环境保护研究人员、高校师生和工业企业等相关部门工作人员的重要参考书。

编者

2021 年 4 月

目 录

第1章

环境承载力研究现状

1.1 水环境负荷与环境承载力研究

1.1.1 水资源与水环境承载力

随着社会经济的高速发展，工业化与城市化进程的推进，资源与环境对社会经济发展的限制作用逐渐显现。为应对社会经济高速发展与自然资源环境保护之间的矛盾，可持续发展理念在世界范围内得到了广泛认同。而承载力研究作为可持续发展研究的核心内容正成为调节社会经济发展与自然资源环境矛盾的有效手段。生态学领域首次出现“承载力”一词，是在 1921 年的《人类生态学》杂志中，承载力由 Park 和 Burgess 提出，即某一特定环境条件下（主要指生存空间、营养物质、阳光等生态因子的组合），某种个体存在数量的最高限[1]。1953 年，在《生态学原理》中，Odum 赋予承载力概念较为精确的数学形式，将承载力的概念与对数增长方程及其常数 k 相联系[2]。随着人口、资源、环境等一系列情况的恶化，“承载力”一词逐渐被研究者广泛应用，其概念和意义也发生了相应的变化，逐渐与人口增长、生态破坏、环境恶化、资源短缺等一系列问题结合，使其定义更具现实意义，并且更为具体。

（1）水环境承载力

水环境承载力（Water Environmental Carrying Capacity，WECC）的概念由承载力一词演变发展而来，用于衡量自然环境与人类经济、社会生活之间的相互关系。水环境承载力属于综合承载力概念[3]，包含了水资源和环境要素，与资源承载力、环境承载力之间有着密切的内在联系。目前水环境承载力研究主要集中在国内，在国外大多都是将水环境承载力的研究纳入可持续发展研究中，作为环境管理体系中的一个组成部分，并未进行大量的单独研究。国内学者在水环境承载力的理论与实践方面积极探索并取得了很大进展，但是在学术界，对水环境承载力概念的认识尚未达成统一。

水环境承载力是联系人类活动与水环境的纽带和中介，它反映人类活动与水系统功能结构间的协调程度，以及水系统可持续发展的状态或能力。国内外学者从纳污能力、支撑能力、外部作用和社会经济规模等多方面对水环境承载力进行了定义。广义上，水环境承载力指在某一时期、某种状态下，某一区域水环境对人类活动的支持能力；狭义上，水环境承载力被等同于水环境容量、水环境（水体）纳污能力或者水环境容许污染负荷量等，即在一定水域，在水体能够被继续使用并仍保持良好生态系统的前提下，所能够容纳污水及污染物的最大能力[4]。虽未对其概念达成共识，但通过国内学者的积极探索，目前学术界普遍认为可以将其定义归纳为以下四种：①水环境承载力可以被理解为在某一时期，某种状态或条件下，某地区的水环境所能承受的人类活动作用的阈值。此定义侧重于水环境能力，对从人类经济发展行为的规模、强度或速度方面给水环境造成的压力进行分析。②水环境承载力指在一定的水域内，在水体能够被继续使用并保持良好生态系统状态的条件下，所能够容纳污水及污染物的最大能力。此定义侧重于水环境外部作用，从水体的纳污能力与水质研究方面分析。③水环境承载力指在水环境系统功能可持续正常发挥的前提下接纳污染物的能力（纳污能力）和承受对其基本要素改变的能力（缓冲弹性力），即水环境承载力包括纳污能力和缓冲弹性力两个方面的能力，并且以水环境系统功能的可持续正常发挥为前提。该定义中水环境基本要素是指水体、河道、河岸，其中水体包括水量、水流条件和水质条件；河道包括河道形式、河床地形、底泥；河岸包括河岸形态、河岸植被、景观等。此定义侧重于水环境结构，从力学的角度分析，增加了缓冲弹性力，也就是水环境的调节能力。④水环境承载力也就是通常所说的水环境容量或者水环境（水体）纳污能力、水环境允许污染负荷量。此定义侧重于水环境的功能，从水环境的纳污及自净能力方面来分析。

根据上述对水环境承载力定义可知，水环境承载力至少包括四个方面的内容：一是水环境承受的人们为达到一定生活水平和生活质量给其造成的压力；二是水环境在保持自身良好生态状态时的纳污能力，反映在环境方面即为相应的污染物容量；三是在满足前两条的前提下，在维持正常的水生态功能时还应能支撑的社会可持续发展的规模，当然这与人们的生产活动方式有关；四是从水环境的功能出发，水环境在进行自我维持、自我调节和纳污时的承载力，承受可持续发展规模的压力[5]。因此，结合我国的实际状况，将水环境承载力定义为由水环境系统结构决定的概念，其本质是表征水环境系统的一个客观属性。水环境承载力是水环境系统与外界物质交换、能量传递、信息反馈和自我调节能力的表现，体现了水环境与人和社会经济发展活动之间的联系。

水环境承载力是可持续发展理论的延伸，作为其重要的组成部分，它的特点随着研究的深入逐渐凸显。从本质上说，水环境承载力除了是人类活动所应该遵循的自然规律的写照，同时也是在社会经济快速发展的大环境下的人类水环境资源观的反映。首先，从理论层面分析，水环境承载力具有客观性、模糊性以及学科交融性。由于水环境具有支持和容纳两个方面的作用，在某种状态下，其自我调节能力和纳污能力是固定的，区域内的人口、社会、经济、环境等要素紧密联系并构成较为完整、稳定的生存体系，因此水环境承载力是客观存在的。就目前认知来讲，人类对水环境承载力的概念、研究方法、量化手段仍在探索当中，因此水环境承载力是具有模糊性的。从其发展历程可以看出，水环境承载力的理论中涵盖了多个领域、多个学科，其中应用的知识包括社会学、经济学、环境学等相关内容，在逐渐深入的研究过程中，与许多不同领域的研究内容相互借鉴，使各个学科在水环境承载力的研究中相互交融，因此水环境承载力是具有学科交融性的。从时间层面分析，水环境承载力具有动态性和时代性[4]。时代性表现为不同时期对水环境承载力认知的差异，不同的时期社会经济发展状况和水平不同，因此人们对水环境承载力的认知程度不断加深，其内涵也不断丰富。水环境所处的生态环境系统本身是一个动态平衡系统，是围绕中心值自然波动的，会偏离到不同的平衡位置，而不是固定不变的，因此水环境承载力是具有动态变化属性的。从空间层次分析，水环境承载力是具有地域性和关联性的。水体是水环境的核心要素，各个水体在地域空间分布上差异极大，相应地，与其联系密切的人类活动也存在显著的地区差异，因此不同地域的水环境承载力差异也十分明显。对于一个完整的生态单元而言，各个区域之间以及水环境各要素之间是相互制约并相互影响的，如上游、中游、下游之间以及干流和支流之间等，这是水环境承载力关联性的体现。

（2）水资源承载力

水资源承载力（Water Resources Carrying Capacity，WRCC）是承载力概念与资源领域概念的自然结合，目前对区域水资源承载力的定义国内外还没有统一的认识。就国外而言，在为数不多的有关资源承载力的研究中，将承载力定义为在不对自然和人工资源造成破坏的前提下，该地区所能承载的最大发展水平。

在国内许多学者都根据自己的理解赋予了水资源承载力不同的定义，通过分析，可以将其归纳为以下三种观点：①水资源承载力指在一定经济技术水平和社会生产条件下，水资源供给工农业生产、生活和生态环境保护等用水的最大能力，即水资源的最大开发容量。②水资源承载力是指某一地区的水资源，在一定社会历史和科学技术发展阶段，在不破坏社会和生态系统条件下，农业、工业、城市规模和人口的最大承载能力，是一个随着社会、经济、科学技术发展而变化的综合指标。③水资源承载力是指在未来不同的时间尺度上，在一定生产条件下，以保证正常的社会文化准则的物质生活水平为前提，一定区域用直接或间接方式表现的资源所能持续供养的人口数量。

在上述三种观点中，第三种近些年来逐渐占据主流地位，在综合前人观点后，本书将水资源承载力定义为在某一具体的历史发展阶段，根据可以预见的科学技术水平、经济发展水平和社会发展程度，在可持续发展的基础上，水资源可以对居民生活和产业生产的最大支撑能力。以此来分析，水资源承载力的定义至少具有如下几点：①在水资源承载力概念中，主体是水资源，客体是人类及其生存的社会经济系统和环境系统，或更广泛的生物群体及其生存需求。水资源承载力就是满足客体对主体的需求或承载客体给主体造成的压力的能力，也就是水资源对社会经济发展的支撑规模。②水资源承载能力具有空间属性。它是针对某一区域来说的，因为不同区域的水资源量、水资源可利用量、需水量以及社会发展水平、经济结构与条件、生态与环境问题等方面都可能有所不同，因此水资源承载能力也可能不同。在对水资源承载力定义或计算时，首先要圈定研究的区域范围。③水资源承载力具有时间属性。在众多定义中均强调了“在某一阶段”，这是因为在不同时段内，社会发展水平、科技水平、水资源利用率、污水处理率、用水定额以及人对水资源的需求量等均有可能不同。因此，在水资源承载能力定义或计算时，也要指明研究时段，并注意不同阶段的水资源承载能力的变化。④水资源承载力对社会经济发展的支撑应该以可承载为标准。在水资源承载力的概念和计算中，必须要回答水资源对社会经济发展支撑达到什么程度时才算是最大限度的支撑。只有在定义了这个标准后，才能进一步计算水资源承载力。一般可以把维系生态系统良性循环作为确定水资源承载力的基本准则。⑤必须承认水资源系统与社会经济系统、生态系统之间存在相互依赖、相互影响的复杂关系。不能孤立地计算水资源系统对某一方面的支撑作用，而是要把水资源系统与社会经济系统、生态系统联合起来进行研究，在社会经济—水资源—生态复合大系统中，寻求的满足水资源可承载条件的最大发展规模，才是水资源承载力。⑥水资源承载力仅仅是可持续发展量化研究——可承载准则的一部分，必须配合其他准则（有效益、可持续），才能保证区域可持续发展。因此，在研究水资源可持续利用、合理配置时，应以水资源承载力为基础，以可持续发展（包括可承载、有效益、可持续）为准则，建立水资源优化配置模型。

水资源系统与生态系统相互支撑、相互作用，共同支撑社会经济系统。社会经济系统一方面可以对水资源系统和生态系统进行合理开发保护，另一方面有可能对其进行破坏。因此，社会经济系统与水资源系统和生态系统之间是相互制约的关系。如果支撑的社会经济规模太大，水资源系统和生态系统就难以支撑，难以确保水资源的可持续利用和生态系统的良性循环。在一定条件下，如果生态系统达到良性循环的极限，其对应的社会经济最大规模就为其承载能力。因此，水资源承载力是在社会经济—水资源—生态复合大系统有机运转下，达到生态系统良性循环目标时的最大社会经济发展规模。

1.1.2 水资源与水环境承载力评价方法

区域水资源和环境承载力主要评价方法可分为两类：最大承载规模类和最大承

载能力类。

最大承载规模类评价得出的结果一般可以表述为水资源和水环境能够承载多大规模的经济社会发展，在本书中主要指页岩气可开发的规模，即井口数。最大承载规模类评价方法共同点在于：均选取能反映区域水资源和水环境承载力的指标，构建数学方程模拟各指标发展，通过不同变量将这些数学方程耦合成量化模型，评价得出水资源最大承载规模和水环境容量。

最大承载能力类评价得出的结果一般可表述为水资源和水环境是否具备承载现有经济社会发展规模的能力。最大承载能力类评价主要方法包括背景分析法、模糊综合评价法和主成分分析法等。最大承载能力类评价方法共同点在于：均选取反映影响区域水资源和水环境承载力大小的指标构建指标体系，将各指标与其评价标准进行对比，评价得出水资源和水环境最大承载能力。

页岩气开发水资源与水环境承载力评价方法主要包括经验估算法、指标体系评价法和复杂系统分析法[3]。

（1）经验估算法

①背景分析法（Background Analytics）是对比某一时段内，自然和社会背景相似的区域的实际情况，推算对比区域可能的水资源和水环境承载力的方法。该方法仅分析一个或几个独立的承载因子，忽略了各承载因子间的相互作用，局限于静态的历史背景中，割裂了资源、社会、环境之间的关联，对水资源和水环境承载力这样一个涉及资源、社会经济和复杂生态系统的概念来说显得过于单薄。

②常规趋势法（Routine Trend）主要采用统计分析的方法，选择单项或多项指标反映区域水资源和水环境承载力现状和阈值。该方法较多考虑的是单个承载因子的发展趋势，忽略了各承载因子间的相互联系，很难处理复杂巨系统之间的耦合关系，但对某些承载因子潜力的估算研究、复杂巨系统的协调研究仍有借鉴意义。

③供需平衡分析法（Supply and Demand Balance）是根据区域水资源总量、可利用水资源量以及水资源需求总量，进行区域水资源供需平衡分析，由此来确定水资源承载力。

（2）指标体系评价法

指标体系评价法是采用统计方法选择单项和多项指标，反映区域水资源现状和阈值的方法。这种评价法操作上直观、简便，可以综合反映区域水资源承载力状况，是国内进行水资源承载力评价运用最广的方法，主要包括模糊综合评价法、主成分分析法、投影寻踪法等。

①模糊综合评价法（Fuzzy Comprehensive Evaluation）对水资源和水环境承载

力做出了多因素的综合评价，该方法可以在对影响水资源承载能力的各个因素进行单因素评价的基础上，运用综合评判矩阵对其承载力做出多因素综合评价，较全面地分析区域水资源和水环境承载能力的状况。该方法是将需要综合评判的各因素及其属性、影响程度组成集合，通过对评判因素的选取、分级和评分对各因素指标进行分析，再运用评判矩阵进行计算评价。

②主成分分析法（Principal Component Analysis）是一种多元统计方法，它对高维变量系统进行最佳综合与简化，同时可以客观地确定各个指标的权重，避免了主观随意性。该方法在遵循数据信息丢失最少原则的基础上，对高维变量空间进行降维处理，即在保证数据信息损失最小的前提下，进行线性变换并舍弃小部分信息，以少数的综合变量取代原始多维变量。

③投影寻踪法（Projection Pursuit）是一种处理多因素复杂问题的统计方法，其基本思路是将高维数据向低维空间进行投影，通过低维投影数据的散布结构来研究高维数据特征。对于受多因素影响的水资源承载能力综合评价问题，依据样本自身的数据特征寻求最优的投影方向，通过先行投影计算反映评价样本综合特征信息的投影特征指标，根据这一指标可以形象、直观地对样本进行分类或评价。该方法避免了人为确定各评价因素权重的主观性。

（3）复杂系统分析法

复杂系统分析法主要包括系统动力学法、多目标分析法、动态模拟递推法和PSR模型方法等，此类方法相对前两类方法更为复杂，建立模型考虑的因素更为全面，能够更好地反映自然、经济、环境、资源之间的相互依存、相互制约关系，但是在参变量选择、求解方法等问题上存在一定难度。

①系统动力学法（System Dynamics）是一种定性与定量相结合、系统分析与综合推理相结合的方法，是一种适合研究高阶次、非线性、多重反馈、机制复杂的系统问题的实验仿真方法。该方法综合考虑社会经济、资源环境等众多因子及其相互关系，通过模拟不同发展战略得出人口增长、资源和环境承载能力的动态变化趋势。但运用该方法进行模拟时，由于参变量不好掌握，易导致得到不合理的结果。

②多目标分析法（Multi-objectives Decision）是选取能够反映水资源和水环境承载力特征的社会、经济、人口、环境等众多相互关系和相互作用的目标，按照社会可持续发展的原则，用系统分析和动态分析法建立模型，研究不同水平年、不同策略方案下水资源和水环境所能承载的生态、经济和人口规模。

③动态模拟递推法主要是通过水的动态供需平衡计算，来显示水资源承载力的状况、支持人口与经济发展的最终规模。其实质是运用模拟法，将动态模拟和数学经济分析相结合，利用计算机模拟程序，仿造地区水资源真实供需系统运动行为

并对其进行模拟预测，根据逐年运行的实际结果，有目的地改变模拟参数或结构，使其与真实系统尽可能一致。当水资源供应能力“零增长”（对水资源紧缺地区）、地区人口增长“零增长”或经济增长“零增长”（对水资源丰裕地区）时，水资源承载力已达最大。

④ PSR（压力—状态—响应）模型法原理为人类从自然环境取得各种资源，通过生产消费又向环境排放，改变了资源的数量和环境质量，进而影响了人类的社会经济活动及福利，如此循环往复，形成了人类活动与自然环境之间的压力—状态—响应关系。该模型设计指标的优点是较好地反映了自然、经济、环境、资源之间的相互依存、相互制约关系。

⑤人工神经网络（Artificial Neural Network）是由人工建造的、模仿大脑结构和功能的、以有向图为拓扑结构的动态系统，它对连续或间断输入作出状态响应，并依靠计算机进行信息处理。具有一般非线性动力系统的不可预测性、耗散性、不可逆性、高维性、广泛的联结性和自适应性等特性。

基于以上分析，本次研究从最大承载规模和最大承载能力两个方面考虑，采用综合评价指标体系法和供需平衡分析法，完成页岩气开发水资源和水环境负荷与承载力评价。

1.2　生态环境负荷与环境承载力研究

1.2.1　生态环境承载力

生态环境承载力的概念最早来自生态学，1921 年，Park 和 Burgess 在人类生态学领域中首次提出了生态承载力的概念，即在某一特定环境（主要指生存空间、营养物质、阳光等生态因子的组合）条件下某种个体存在数量的最高极限。

生态环境承载力包括两部分：一是指生态系统的自我维持与自我调节能力，以及资源与环境子系统的供容能力，是生态承载力的支持部分；二是指生态系统内社会经济子系统的发展能力，是生态承载力的压力部分。

生态系统的自我维持与自我调节能力是指生态系统的弹性大小，资源与环境子系统的供容能力则分别指资源和环境承载力的大小；而社会经济子系统的发展能力指生态系统可维持的社会经济规模和具有一定生活水平的人口数量，生态承载力具有以下特性。

（1）客观性。生态承载力的客观性是生态系统最重要的固有特性之一，这种固有特性一方面为生态系统抵抗外力的干扰破坏提供了保障，另一方面为生态系统向更高层次的发育奠定了基础。

（2）可变性。生态系统的稳定是相对意义的稳定，是可以改变的，而不是固定不变的。所以生态承载力虽然客观存在，但不是固定不变的，因此应按照对自己有利的方式积极提高系统的生态承载力。

（3）层次性。生态环境的稳定性不仅表现在小单元的生态系统水平上，而且表现在景观、区域、地区以及生物圈各个层次的生态系统水平上。同样，生态系统的承载力也表现在上述各个层次水平上，在不同层次水平上，生态承载力不同[6]。

综上分析，可以将生态环境承载力定义为在保证一定环境质量和生活质量的条件下，生态系统为人类活动和生物生存所能持续提供的最大生态服务能力，特别是提供资源与环境的最大供容能力。其主要影响因素是生态环境标准、生态环境容量及人类的生活生产。

1.2.2 生态环境承载力评价方法

生态环境承载力概念的确立形成了沟通环境与人类活动的纽带，使环境与社会经济更好地协调，同时通过调整生态环境承载力评价的宏观标准还可以调整人类的社会经济活动，对于实现自然、经济和社会的可持续发展具有重要的指导意义和现实意义。承载力评价的核心在于测度人类活动是否处于环境可承载能力的范围之内。近年来，国内外学者对环境承载力的研究主要集中在对综合环境承载力和各环境要素（包括土壤、水环境、大气环境、旅游环境等）承载力的研究上。相应的概念和定量研究方法也被陆续提出。生态承载力的出现在一定程度上弥补了单因素承载力的不足，但对承载力的理解仍存在行业的限制，生态承载力的度量方法也带有各领域特点。

各国学者提出了许多种生态承载力的估算方法，例如自然植被净第一性生产力估测法、资源与需求的差量法、综合评价法、状态空间法、生态足迹分析法、生态环境质量指数动态评价法等。

（1）自然植被净第一性生产力估测法

净第一性生产力（NPP）反映了某一自然体系的恢复能力。特定的生态区域内第一性生产者的生产能力在一个中心位置上下波动，而这个生产能力是可以测定的。同时，与背景数据进行比较，偏离中心位置的某一数值可视为生态承载力的阈值。世界上有很多模拟第一性生产力的模型，大致可分为三类：气候统计模型、过程模型和光能利用率模型。

（2）资源与需求的差量法

区域生态承载力体现了一定时期、一定区域的生态环境系统对区域社会经济发展和人类各种需求（生存需求、发展需求和享乐需求）在量（各种资源量）与质（生态环境质量）方面的满足程度，因此，衡量区域生态环境承载力应从该地区现有的各种资源量（P_i）与当前发展模式下社会经济对各种资源的需求量（Q_i）之间的差量关系［（P_i-Q_i）/Q_i］，以及该地区现有的生态环境质量（$CBPI_i$）与当前人们所要求的生态环境质量（$CBQI_i$）之间的差量关系［（$CBPI_i-CBQI_i$）/$CBQI_i$］入手[7]。依据这种差量评价法，王中根等对西北干旱区河流及其流域进行了评价分析，证明此方法简单、可行，能够对区域生态承载力进行有效的分析和预测。

（3）综合评价法

承载力概念可通俗地理解为承载媒体对承载对象的支持能力。如果要想确定一个特定生态系统的承载情况，必须首先知道承载媒体客观承载能力的大小以及被承载对象压力的大小，然后才能了解该生态系统是否超载或低载。所以，研究者提出用承载指数、压力指数和承载压力度描述特定生态系统的承载状况[8]。

①生态系统承载指数表达式。根据生态系统承载力定义，生态系统承载力支持能力的大小取决于生态弹性能力、资源承载能力和环境承载能力，因此生态系统承载指数也相应地从这三个方面确定，分别称为生态弹性指数、资源承载指数和环境承载指数。

生态弹性指数表达式为

$$CSI^{\text{eco}}=\sum_{i=1}^{5}S_i^{\text{eco}}\,W_i^{\text{eco}} \tag{1-1}$$

式中，S_i^{eco}——生态系统特征要素；

W_i^{eco}——要素 i 的相应权重值；

i 取值为 1、2、3、4、5，分别代表地形地貌、土壤、植被、气候和水文要素。

资源承载指数表达式为

$$CSI^{\text{res}}=\sum_{i=1}^{4}S_i^{\text{res}}\,W_i^{\text{res}} \tag{1-2}$$

式中，S_i^{res}——资源组成要素；

W_i^{res}——要素 i 的相应权重值；

i 取值为 1、2、3、4，分别代表土地资源、水资源、旅游资源和矿产资源。

环境承载指数表达式为

$$CSI^{\text{env}}=\sum_{i=1}^{3}S_i^{\text{env}}\,W_i^{\text{env}} \tag{1-3}$$

式中，S_i^{env}——环境组成要素；

W_i^{env}——要素 i 的相应权重值；

i 取值为 1、2、3，分别代表水环境、大气环境和土壤环境。

②生态系统压力指数表达式。生态系统的最终承载对象是具有一定生活质量的人口数量，所以生态系统压力指数可通过承载的人口数量和相应的生活质量来反映。其表达式为

$$CPI^{\text{pop}}=\sum_{i=1}^{n} P_i^{\text{pop}} W_i^{\text{pop}} \tag{1-4}$$

式中，CPI^{pop}——以人口表示的压力指数；

P_i^{pop}——不同类群人口数量；

W_i^{pop}——相应类群人口的生活质量权重值。

③承载压力度的基本表达式为

$$CCPS=CCP/CCS \tag{1-5}$$

式中，CCS 和 CCP——分别为生态系统中支持要素的支持能力大小和相应压力要素的压力大小。

（4）状态空间法

状态空间法是将欧氏几何空间用于定量描述系统状态的一种有效方法。通常由表示系统各要素状态向量的三维状态空间轴组成。利用状态空间法中的承载状态点，表示一定时间尺度内区域的不同承载状况。利用状态空间中的原点同系统状态点所构成的矢量模数表示区域承载力的大小，由此得出其数学表达式为

$$RCC=|\boldsymbol{M}|=\sqrt{\sum_{i=1}^{n} x_{ir}^2} \tag{1-6}$$

式中，$\boldsymbol{M}$——代表区域承载力的有向矢量的模数；

x_{ir}——区域人类活动与资源处于理想状态时在状态空间中的坐标值；

i——状态空间指数，i=1，2，…，n。

考虑到人类活动与资源环境各要素对区域承载力所起的作用不同，状态轴的权重也不一样，当考虑状态轴的权重时，承载力的数学表达式为

$$RCC=|\boldsymbol{M}|=\sqrt{\sum_{i=1}^{n} w_i x_{ir}^2} \tag{1-7}$$

式中，w_i——x_{ir}^2 轴的权重值。

（5）生态足迹分析法

生态足迹分析法最初是由加拿大生态经济学家 E.R.William 和博士 M. Wackernagel 于 20 世纪 90 年代提出的一种度量可持续发展程度的方法，它是一组基于土地面积的量化指标[9]。

“生态生产性土地”是生态足迹分析法为各类自然资本提供的统一度量基础。

生态生产是自然资本产生自然收入的基础。生态承载力通常被定义为一个地区所能提供给人类的生态生产性土地的面积总和。生态足迹是指在一定技术条件下，要维持某一物质消费水平以及某一人口、某一区域的持续生存所必需的生态生产性土地面积。生态生产性土地指具有生态生产能力的土地或水体。地球表面的生态生产性土地可分 6 大类：化石能源地、可耕地、牧草地、林地、建设用地和水域。

①生态足迹计算模型

生态足迹计算模型通过计算人类为了自身生存而消费的自然资源量来评价人类对生态系统的影响[10]。任何个人或区域人口的生态足迹，应该是生产这些人口所消费的所有资源和吸纳人口所产生的废弃物需要的生态生产性土地面积的总和。其计算公式为

$$EF=\sum_{i=1}^{n}w_i(\mathrm{cc}_i)=\sum_{i=1}^{n}(\mathrm{ac}_i/p_i)$$
$$EC=\sum_{i=1}^{n}w_i(\mathrm{ep}_i)=\sum_{i=1}^{n}(\mathrm{ae}_i/p_i) \tag{1-8}$$

式中，n——消费商品或生产生物的类型；

cc_i——第 i 种消费商品的生态足迹；

ac_i——第 i 种消费商品的消费总量；

p_i——第 i 种商品的生物生产单位面积产量；

ep_i——第 i 种生物资源的生态足迹；

ae_i——第 i 种生物资源生产总量；

w_i——第 i 种消费品或生物资源土地类型生产力权值；

EF——某一地区的生态足迹总量；

EC——地区生态承载力供给。

②生态承载度

由于区域面积、区域人口和区域生态足迹总量不同，仅仅取生态足迹和生态承载力之间的差值显然不能真实地反映某一区域的生态持续发展能力。在此，尝试引入生态承载度作为评价某一区域生态系统可持续发展能力的综合指标。其模型为

$$D=KEC/EF \tag{1-9}$$

式中，D——区域生态承载发展度；

KEC——可用区域生态承载力；

EF——某一地区的生态足迹总量。

（6）生态环境质量指数动态评价法

生态环境质量指数动态评价法依据生态平衡理论和生态稳定性原理，将承载力评价转化为运行状态评价，应用生态环境质量指数（*EI*）模型计算出评价区多年的*EI*值，然后对*EI*的动态变化趋势进行回归分析，依据回归分析结果对生态环境系统的运行状态进行评价，以达到对区域生态环境承载状态进行评价的目的。

生态环境可承载能力的阈值和人类活动对生态环境施加压力的大小均是难以定量计算的，但是，依据生态平衡理论和生态稳定性原理，生态环境系统承载状态与运行状态间有密切的因果关系，即区域生态环境系统处于可承载状态，则生态环境系统将处于良性循环发展状态；反之，若处于超承载状态，则生态环境系统的结构和功能将发生退化，处于非良性循环发展状态，据此可将对生态环境承载状态的评价转化为对运行状态的评价。

本书生态环境质量指数的计算方法采用《生态环境状况评价技术规范》（HJ 192—2015）规定的标准技术方法，其评价模型为

EI=0.25×生物丰度指数+0.2×水网密度指数+0.2×植被覆盖指数+0.15×（100－土地退化指数）+0.1×环境质量指数

上述几种生态承载力的计算方法各有优缺点，详细对比见表1-1。

表1-1　生态环境承载力计算方法对比

名称	特点
自然植被净第一性生产力估测法	以生态系统内自然植被净第一性生产力估测值确定生态承载力的指标值。不能反映生态环境承受人类各种社会经济活动的能力
资源与需求的差量法	根据资源存量与需求量以及生态环境现状和期望状态之间的差量来确定承载力状况，该方法比较简单，但不能表示研究区域的社会经济状况及人民生活水平
综合评价法	选取一些发展因子和限制因子作为生态承载力的指标，用各因素的监测值与标准值或期望值比较，得出各因素的承载率，考虑因素较全面、灵活，适用于评价指标层次较多的情况，但所需资料较多
状态空间法	较准确地判断某区域某时间段的承载力状况。但定量计算较为困难，构建承载力曲面较困难，所需资料较多
生态足迹法	由一个地区所能提供给人类的生态生产性土地面积的总和来确定地区生态承载力。不能反映社会、社会经济活动指标
生态环境质量指数动态评价法	避开了对生态环境可承载能力阈值和人类活动向生态环境施加压力大小的定量计算，用生态环境系统的运行状态来表示生态承载力的大小

1.3　小结

本章梳理了水环境承载力和生态环境承载力的定义，总结了水环境承载力和生态环境承载力的研究现状。水环境承载力评价方法主要包括最大承载规模类和最大承载能力类，其中最大承载规模类评价结果一般可表述为水资源和水环境能够承载多大规模的经济社会发展，最大承载能力类评价结果一般可表述为水资源和水环境是否具备承载现有经济社会发展规模的能力。水资源与水环境承载力评价方法主要包括经验估算法、指标体系评价法和复杂系统分析法。生态承载力的估算方法包括自然植被净第一性生产力估测法、资源与需求的差量法、综合评价法、状态空间法、生态足迹法、生态环境质量指数动态评价法等。页岩气开发会对周边的水环境和生态环境造成影响，需要开展页岩气开发环境负荷与环境承载力评估研究，指导页岩气的绿色开发。

第2章

页岩气开发环境影响特征及机制研究

2.1　页岩气开发水环境影响识别

2.1.1　页岩气开发水资源影响

页岩气的开采给社会发展带来了巨大的经济效益，但其潜在的环境影响也让环境和资源等领域的专家及当地民众担忧。页岩气开发面临的最大问题就是页岩气的开采需要消耗大量的淡水资源，可能威胁到区域的水资源可持续利用。为保证页岩气开发不会影响当地的水资源可持续发展，需要了解页岩气的开发影响当地水资源的关键因素，构建页岩气开发水资源承载力评价模型，指导页岩气的绿色开发。对水资源承载力进行内涵分析可以得知影响水资源承载能力大小的主要因素[11]可分为如下三类。

第一类：水资源系统本身特性。水资源系统的可利用水资源量是决定其承载能力的内因。也就是说，水资源承载能力大小首先是由水资源系统所能提供的水资源量决定的。

第二类：人类活动能力及意识形态。人类活动能力及意识形态很大程度上影响着水资源承载能力。此类因素主要包括：①水资源利用率。这是决定单位水资源量能养活多少人口或带来多大经济效益的重要指标，是计算水资源承载力的关键指标。②科技水平。通过科技进步提高水资源利用率、重复利用率、污水处理率等使水资源承载力提高。③本区域发展战略。它反映一个国家或地区的发展规划或发展模式，对水资源的分配和利用产生的重要影响，这种影响将体现在水资源承载力中。④管理体制和法制。它反映了人们用水、治水、保护水资源的基本思路。

第三类：定义“是否可承载”的目标差异。人们对“达到什么样的标准时的最大承受能力才是水资源的承载能力”这一问题的答案不同，即承载目标的不同会导致计算结果的不一致。因此，应从水资源可利用总量、人类活动及意识形态、承载目标的确定几个方面，对影响页岩气开发水资源承载力的因素进行分析。

2.1.1.1　页岩气开发工艺与水资源消耗影响

水资源消耗量大是页岩气开发面临的重要挑战之一。据统计，北美典型的页岩气开发水平井、单井钻井和水力压裂用水量平均为 1.3×10^4～4.5×10^4 m^3；在马塞勒斯页岩中单井用水量 1.5×10^4～4.5×10^4 m^3；在巴尼特页岩中单井至少消耗水 1.4×10^4 m^3；目前国内西南页岩气压裂中，每口井压裂需要用水 2×10^4～$3\times$

10^4 m^3 [12]。据国务院发展研究中心资源与环境政策研究所专家预测以目前钻采实际情况，为实现2020年页岩气规划产量300亿 m^3 的目标，大概需要建设2 331个井场，钻井13 986口。因此，为了实现《页岩气发展规划（2016—2020年）》目标，“十三五”期间，全国页岩气钻井压裂用水量在20 979万～29 371万 m^3，必将对水资源造成巨大压力。

水平钻井技术和水力压裂技术是页岩气开发的核心技术。相关资料显示，巴尼特页岩单井用水量中水力压裂占总量85.15%；费耶特维尔页岩单井用水量中水力压裂占总量98%；海恩斯维尔页岩单井用水量中水力压裂占总量72.96%；马塞勒斯地层单井用水量中水力压裂占97.95%。

水力压裂过程是最大的耗水节点，消耗的水资源占总用水量的85%～98%。另外，钻井过程、现场除尘、冲洗钻探设备以及工人生活等也需少量用水。

基于页岩气开发工程，将开发阶段分为施工期（钻前工程、钻井工程、完井工程、水力压裂、放喷试气、采气工程、地面集输和压裂供水工程）、运行期和退役期，见图2-1。其中，施工期的钻井和水力压裂是页岩气开发的核心工程，也是页岩气开发的主要耗水节点。根据相关资料可知，钻井工程中需要根据地层地质情况，利用钻井液辅助整个过程，直至钻进目的层。钻井过程一般需要三开段到四开段，其中一开段采用清水钻钻进，二开段、三开段采用水基泥浆钻进，四开段采用油基泥浆钻进。清水钻和水基泥浆的主要成分为清水，因此页岩气开发时钻井过程会对水资源造成一定的影响。水力压裂阶段的主要过程就是将水力压裂混合液用高压泵注入地下冲击页岩岩层。高压液体让页岩产生裂缝，支撑剂让裂缝保持并继续张开，导致岩层的岩石渗透性增长一百倍到一千倍，继而使页岩内部储藏的气体顺利地转移到井筒。压裂液含有90%～95%的水（清水或回用的压裂水）和5%～10%的砂子支撑剂，还投加了0.1%～1%的化学添加剂。根据资料可知，页岩气开发每口井压裂约18段，每段用水量1 800 m^3，每口井用水约 3.24×10^4 m^3，排液生产期开井后约45 d，返排率25%，累积返排液量约8 100 m^3。因此，大量页岩气的开发会对研究区的水资源造成影响。

2.1.1.2 页岩气开发产生的水资源问题

（1）页岩气开发产气量衰减快，加大了页岩气开发规模

页岩气单井存在产量低、周期长、产量衰减快的问题。与常规气井有所不同，页岩气井通常在投产后一个月内出现日产气量峰值，随后便进入产量递减期，投产一年后的日产气量可能不到峰值阶段的10%，这种衰减趋势会在投产2～3年后趋于平缓，并以较低的日产气量维持较长的生产周期。因此，只有增加开发区内单井

数量才能保证页岩气预期产量。随着页岩气开发规模的增大，进一步加剧了开发区内水资源消耗。

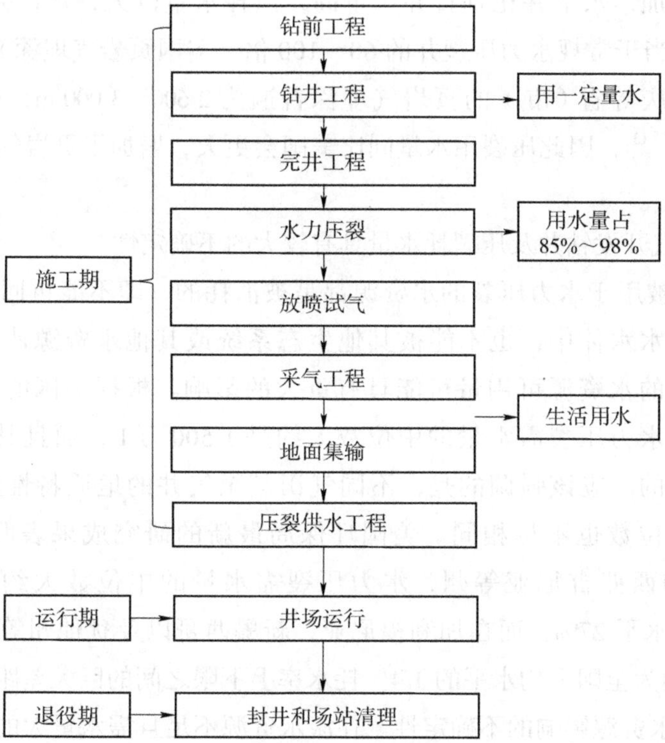

图 2-1　页岩气开发耗水节点

（2）页岩气开发耗水阶段分布不均，尤其在旱季，水资源可用量对页岩气开发产生较大的制约

页岩气生产中的用水主要集中在压裂阶段，并不是全年长期用水。页岩气的压裂阶段历时 15 天到 1 个月，是页岩气生产的关键阶段，矿井的用水强度是非常大的。一般而言，一个水平井需要进行 8～9 次压裂，每口压裂井需要 5 000～8 000 t 水，若页岩气开发区中矿井较多，或处于水资源短缺区域，可能出现短期的供水紧张。在那些用水压力高或极高的地区，尤其是水资源季节性波动很大的地区，大部分可用淡水（40%～100%）已经被农业、生活、工业等占用。当干旱来临的时候，页岩气资源开发就面临着非常严峻的挑战。由此可见，在满足环境和人类对于淡水的需求情况下，要在干旱的年份确保页岩气开发有稳定可靠的淡水供应是极其困难的。

（3）研究区块地质特征复杂，会加大页岩气开发水资源消耗量

页岩气总用水多少取决于页岩区块的地质特征（深度、厚度和总孔隙度）、压

裂水平段的深度、长度和数量。总体趋势是随页岩埋深增大，钻井和压裂的用水量也增加，如加拿大的霍恩河页岩和美国的马塞勒斯页岩压裂用水量随埋深增加而成倍增加，水平井比垂直井产量高，但耗水量巨大，每口井需水 7 560～18 900 m^3，相当于常规水力压裂井的 60～100 倍。美国页岩气埋深 800～2 000 m，我国四川、重庆等省（市）的页岩气埋深普遍为 2 600～3 000 m，单井用水量在 2×10^4 m^3 以上[13]，因此压裂用水量同比美国会更大，增加了页岩气开发区的水资源压力。

（4）页岩气开发钻井及压裂耗水量具有较大的不确定性

绝大部分被用于水力压裂的水资源都是被消耗的，即不能再回到该地区地表或地下自然淡水水体中，也不能被其他生态系统或其他水资源使用者利用。这些水对于当地的水资源可用量可能具有重大的影响。根据美国的生产经验，对页岩气藏进行水力压裂需水量的中位数大约是 1 500 万 L，而且其中 25%～90% 的水是被消耗的。应该强调的是，不同气田甚至气井的地质特性都可能大不相同，需水量中位数也不尽相同。美国环保局最新的研究成果表明，在阿肯色、路易斯安那和西弗吉尼亚等州，水力压裂需水量的中位数大约为 1 900 万 L，超过全国平均水平 27%；而在加利福尼亚、新墨西哥以及犹他州等地，该值约为 380 万 L，仅约为全国平均水平的 1/4。耗水率上下限之间的巨大差距恰恰说明了水力压裂对于淡水资源影响的不确定性。在淡水资源不足且需水量大的地区，缺水会给页岩气开采带来困难。与此同时，不同气田中开发单口井所需水资源量的差异，也给预测世界大多数未开发的页岩气远景区开发所需用水量带来了不确定性。

2.1.1.3 页岩气水资源可用量风险

（1）页岩气分布情况

中国富有机质页岩类型复杂，包括海相、海陆过渡相和陆相 3 种，是世界上页岩气种类最多的国家。根据美国能源信息署（EIA）2011 年和 2013 年的评价结果，中国页岩气地质资源量为 134.4×10^{12}～144.5×10^{12} m^3，可采资源量为 31.57×10^{12}～36.10×10^{12} m^3，在全球位居第一或第二。依据地质历史、沉积与构造地质基础以及页岩气成藏和分布等特点，可将中国的页岩气发育区大致划分为与板块对应的 4 大区域，即南方地区（楚雄、四川、江汉、苏北等盆地一线及其以南区域）、华北—东北地区（包括松辽、渤海湾、南华北、鄂尔多斯等盆地及其围缘区域）、西北地区（柴达木、吐哈、准噶尔、塔里木等盆地及其围缘区域）、青藏地区（羌塘、比如、措勤等盆地及其围缘区域[14]），每个地区均表现为富有机质泥页岩层系多、分布区域广泛、岩石类型丰富、厚度比较大，有机碳含量和有机质成熟度在不同层系或不同地区均存在着差异。

（2）我国水资源分布情况

我国水资源分布地区性差异大，水资源补给较贫乏和贫乏区主要集中在东北三省、山东、山西、河北、河南、江西、重庆等省（市）的丘陵山区，塔里木盆地、鄂尔多斯盆地、华北平原、辽宁、山西以及泰山和河西走廊地区面临严重的水资源短缺问题，而中国有利页岩气勘探和开发区带基本上位于或者临近这些区域[15]。尽管研究表明水力压裂用水量一般只占当地总耗水量的 1%，且部分返排液还可循环再利用，但对于这些干旱地区以及季节性河流，如果不能合理安排取水的地点、频率和水量，长期、连续抽取水资源，不仅可能干扰当地的农业灌溉、工业生产和居民生活，还极易破坏地下蓄水层储水功能，降低地表水的稀释和净化能力，影响水生动植物的生长，破坏水生环境，阻碍水资源的可持续利用。因此，合理调配水资源，科学安排施工时间至关重要，不与当地居民生活和农业用水相争，以减少页岩气开发对川渝地区水资源的影响。

2.1.2　页岩气开发水环境影响

2.1.2.1　页岩气开发对水环境影响的关键节点分析

根据页岩气开发产能建设项目的特点，页岩气工程建设对水环境的影响可以从施工期、运行期和退役期三个阶段考虑。施工期对水环境造成影响的主要工程活动包括钻前工程、钻井工程、完井工程、水力压裂、放喷试气、采气工程、地面集输和压裂供水工程建设；运行期井场、地面集输工程的站场排污，产生的生产废水和生活污水会对环境造成一定影响；退役期，将对退役气井实施永久封堵和废弃，会产生少量的洗井废水进而对水环境造成影响[16]。页岩气开发水环境产污节点见图 2-2。

（1）施工期

由图 2-2 可知，施工期产生的废水主要包括钻井废水、洗井废水、压裂废水和压裂返排液、施工人员产生的生活污水。

①钻井废水

钻井废水是页岩气开发中重要的水环境污染源之一，主要包括机械污水、钻井岩屑和钻井泥浆污水等。其中机械污水包括柴油机冷却水、钻井泵拉杆冲洗水、水刹车排出水；钻井岩屑是在钻井过程中钻头切削地层岩石而产生的碎屑，被钻井泥浆带出至地面；钻井泥浆污水为废钻井泥浆中的澄清液等。当钻井废水收集池遇暴雨、洪水和地层移动等情况时，可能发生钻井废水溢流、渗漏和废水池垮塌等事故，对附近的水环境造成污染。

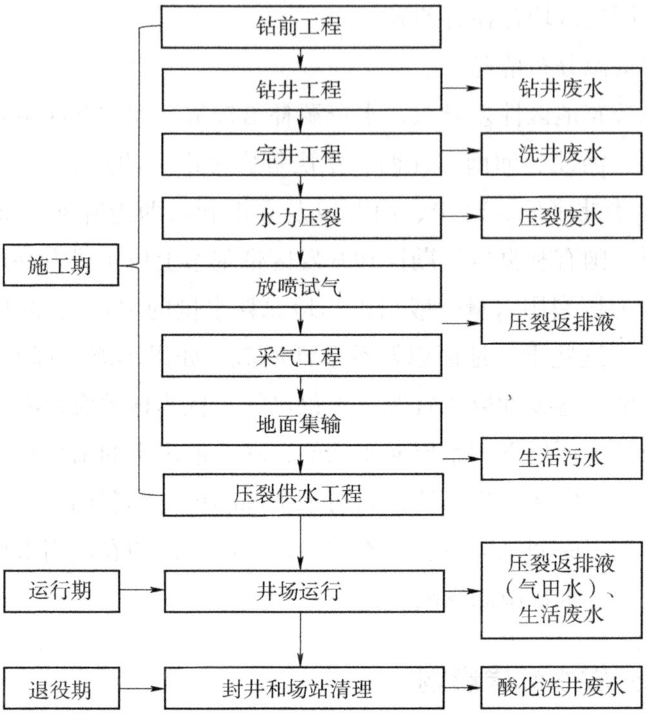

图 2-2　页岩气开发水环境产污节点

②洗井废水

在进行完井测试前，工程项目需要用清水对套管内部进行洗井作业。洗井废水主要从井口排出，进入沉砂池，与钻井废水一起处理。

③压裂废水和压裂返排液

压裂废水与压裂返排液是页岩气开发施工阶段地下水环境的重要污染源。页岩气压裂过程需要投入大量的压裂液，压裂液成分复杂，含有很多有害的化学添加剂，给水环境带来污染风险。

④生活污水

页岩气开发的钻前工程阶段、钻井工程阶段和地面集输工程建设阶段均需要大量的施工人员，因此会产生一定量的生活污水。

（2）运行期

页岩气项目运行期内的废水主要为井场、集气站、集气总站、脱水站产生的压裂返排液（气田水）；各站场值班人员产生的生活污水；各站场场地及设备冲洗废水；此外，检修期间在分离器、脱水装置、集气装置等处也会产生压裂返排液。

（3）退役期

页岩气项目结束后，将对退役气井实施永久封堵和废弃，并对井场进行生态恢复，该过程有少量酸化洗井废水产生，这部分废水暂存于井场的废水池中，加碱液中和后用罐车拉运至相关单位处理外排。

2.1.2.2　页岩气开发对水环境影响的关键因子识别

页岩气开发引起的水污染主要包括钻井废水、洗井废水、压裂废水和压裂返排液、生活污水等对水环境造成的污染。

其中，钻井废水中的钻井液成分根据不同的地质条件与钻井工程需求有所不同，可能含有以下部分成分：黏土、加重材料、增黏剂、降黏剂、降滤失剂、堵漏材料、消泡剂、絮凝剂、页岩抑制剂、发泡剂、杀菌剂、解卡剂、水基钻井液乳化剂、腐蚀抑制剂、高温稳定剂等，主要成分见表 2-1。

表 2-1　钻井液成分表

序号	添加剂类型	主要成分	简介
1	黏土	优质膨润土与 API 钻井级般土等	水基钻井液中提高黏度，降滤失，建造泥饼
2	加重材料	重晶石粉、氧化铁粉、镜铁矿粉、钒钛铁矿粉等	各种钻井液加重剂或配重晶石浆封堵喷漏
3	增黏剂	生物聚合物、高分子量纤维素衍生物的混合物等	各种水基钻井液增黏提高携砂能力
4	降黏剂	酸式焦磷酸钠、四磷酸钠	低钙钻井液分散剂用于处理水泥污染
5	降滤失剂	预胶化淀粉或羧甲基淀粉、聚合淀粉、羟丙基淀粉等	水基钻井液降滤失剂，多数不会发酵，有些产品使用时要添加钉菌剂
6	堵漏材料	核桃壳粒、胡桃壳粒、坚果壳	桥堵材料，分粗、中、细等级
7	消泡剂	硬脂酸铝	分粗、中、细等级
8	絮凝剂	部分水解聚丙烯酰胺（液状）、部分水解聚丙烯酰胺（粉状）	配制不分散低固相体系页岩包被抑制剂
9	页岩抑制剂	磺化沥青、高改性沥青	水基钻井液防塌剂能改善泥饼质量，降低 HTHP（高温高压滤失量），提高泥饼润滑性
10	发泡剂	偶氮化合物	使对象物质成孔
11	杀菌剂	戊二醛	清除生成腐蚀性产物的细菌
12	解卡剂	重晶石粉	降低黏附摩擦阻力、增加润滑能力
13	水基钻井液乳化剂	阿拉伯胶、烷基苯磺酸钠等	用于稳定液体
14	腐蚀抑制剂	苯甲酸钠、山梨酸钾、脱氢乙酸钠	防止液体酶解
15	高温稳定剂	甲醇、硫代硫酸钠	保持液体黏度

压裂废水中的压裂液含有 90%～95% 的水（清水或回用的压裂水）和 5%～10% 的砂子支撑剂，还投加了 0.1%～1% 的化学添加剂，如酸、抗菌剂、破乳剂、缓蚀剂、交联剂、减阻剂、凝胶、金属控制剂、防塌剂、pH 调整剂、防垢剂、表面活性剂和支撑剂等，见表 2-2。

表 2-2　压裂液成分表

序号	添加剂类型	主要化合物	作用
1	酸	盐酸	有助于溶解矿物和造缝
2	抗菌剂	戊二醛	清除生成腐蚀性产物的细菌
3	破乳剂	过硫酸铵	使凝胶剂延迟破裂
4	缓蚀剂	甲酰胺	防止套管腐蚀
5	交联剂	硼酸盐	当温度升高时保持压裂液的黏度
6	减阻剂	原油馏出物	减小压裂液与套管的摩擦力，减小压力损失
7	凝胶	瓜胶或羟乙基纤维素	增加清水的浓度以便携砂
8	金属控制剂	柠檬酸	防止金属氧化物沉淀
9	防塌剂	氯化钾	使携砂液卤化防止流体与地层黏土反应
10	pH 调整剂	碳酸钠或碳酸钾	保持其他成分的有效性，如交联剂
11	防垢剂	乙二醇	防止管道内结垢
12	表面活性剂	异丙醇	减小压裂液的表面张力并提高其返液率
13	支撑剂	石英砂、二氧化硅	支撑裂缝

在注入水力压裂液并释放压力后，返回地面的压裂液为注入总量的 10%～70%。虽然多数情况下，压裂返排液可用于重新配制压裂液，但是仍有部分压裂返排液因不能满足配制压裂液的要求，需要进行处理。返排液除了含有压裂液中的化学添加剂外，还含有烃类化合物、重金属和溶解性固体等，其中溶解性固体主要包括 Na^+、K^+、Ca^{2+}、氯化物和碳酸盐以及随返排液带出的页岩气岩层天然辐射性物质，且总溶解固体（TDS）含量极高，海相岩层采出水中 TDS 含量可达 30×10^4 mg/L，接近海水的 10 倍[17]。

此外，洗井废水中的 pH、SS、石油类和 COD 指标超标；生活污水、雨污水和检修废水中的 COD、TDS、石油类、BOD_5、NH_3-N 和悬浮物等指标超标，都会对水环境造成影响。

2.1.2.3　页岩气开发对水环境的影响分析

随着页岩气勘探开发规模日益增大，以水污染为主的环境问题也日益突出。在页岩气生命周期中产生的含有各种化学成分的废水可达数千立方米，含有重金属、盐分及放射性物质等多种污染物。同时压裂液在地下停留时间越长，溶解固体越多，返排液中污染物浓度就越高，增加了废水防控与处理的难度。页岩气开发产生的废水会导致水环境中的悬浮性污染物或深沉污染物的浓度增加，磷等营养物质的混入可能导致地表水的富营养化[18]；返排液中的重金属及细菌等有害微生物进入饮用水水源后会对人体造成伤害。返排液中的 TDS 虽然不会直接给人体带来伤害，却限制了其在农业灌溉和牲畜饮水等方面的利用潜力。因此，在页岩气开发过程中，需要结合国内页岩气勘探开发的具体情况，建立属于自己的水环境保护体系，推动新技术的研究，避免先污染、后治理，做到经济发展与环境保护协同并进。

页岩气开发项目属于环境污染型项目，具有涉及区域广和环境影响范围大的特点，会对水环境造成一定的污染。《中国页岩气开发与未来监管框架研究》将页岩气开发过程分为压裂前准备、水力压裂和返排、气体集输三个阶段，页岩气开发耗水量巨大，尤其在水力压裂阶段用水强度最高。据美国能源局统计，美国页岩气田单口页岩气水平井耗水量一般在 0.76 万～1.9 万 m^3[19]。而我国页岩气埋藏较深，地质条件相对复杂，所需水资源量巨大，每口井压裂需要用水 2×10^4～3×10^4 m^3。

水力压裂是整个页岩气开发过程中最大耗水节点，耗水占比为 70%～98%；其次是钻井阶段，用水量占整体的 2%～30%，其他阶段耗水量可忽略不计。相关资料显示，水力压裂阶段耗费的水资源主要用于水力压裂液的配制，钻井阶段耗费的水资源主要用于配制钻井液，水力压裂液与钻井液成分复杂，包含大量有害物质，若泄漏到含水层中会给地下水环境带来严重的污染风险。同时页岩气成分以甲烷为主，开采过程中也可能会泄漏到含水层中。因此，页岩气开发过程水环境的重要污染源就是压裂前准备阶段的钻井液、压裂阶段的压裂液和返排液以及泄漏的甲烷等。

（1）钻井阶段

压裂前准备阶段对地下水环境影响较严重的污染节点是钻井过程，主要污染源为泄漏的钻井液。钻井液成分复杂，按分散介质（连续相）可分为水基钻井液、油基钻井液、气体型钻井流体等，目前常用的多为油基钻井液。而油基钻井液是油、水、有机黏土和油溶性化学处理剂组成的混合体系，一般为油包水乳化泥浆，油相一般用柴油或煤油，占泥浆的 60%～70%。

其主要污染方式包括：①在水泥固井、完井等作业过程中，由于某种操作失误发生严重的井漏、井喷事故或滤失现象，使钻井液向周围储层泄漏造成污染。尤其是对于使用油基钻井液而言，若发生严重井漏，其污染过程将具有过程缓慢、不易察觉和治理难度大等特点，造成浅层地下水污染的风险非常大。②钻井液灌注压力一般稍大于裸露地层的压力，钻井液与井壁的长时间接触导致钻井液以渗漏方式进入地层，并通过岩石颗粒的吸附—解吸作用传输到含水层影响地下水。③受地质结构影响，当钻井过程中遇到溶洞、溶孔、较大裂缝时容易发生钻漏，钻井液将大量漏失进入地下水，加大了地下水污染的风险。

（2）水力压裂阶段

水力压裂是页岩气开发过程中造成水环境污染的重要节点，也是页岩气开发流程中重要的耗水节点。水力压裂液成分除了含有 90%～95% 的水（清水或回用的压裂水）和 5%～10% 的砂子支撑剂外，还投加了 0.1%～1% 的化学添加剂。相关资料显示，为实现 2020 年页岩气规划产量 300 亿 m^3 的目标，大概需要建设 2 331 个井场，钻井 13 986 口。因此，为了达到《页岩气规划》目标，“十三五”期间，全国页岩气钻井压裂用水量预计在 20 979 万～29 371 万 m^3，同时大量的化学添加剂将投入使用。压裂液中的添加剂成分复杂，大量压裂液的使用不仅会对水资源造成巨大压力，同时会为地下水环境带来严重的污染风险。其影响地下水环境的主要方式为：①水力压裂结束后会有不同比例的压裂液返排至地表，但仍有部分压裂液残留在地层。返排液中不仅包含压裂液中的化学物质、盐类、地层水中含有的重金属和放射性物质，还溶解有甲烷等有毒气体，可以通过压裂过程产生的岩石裂缝、岩石的天然断裂和缝隙等向上移动，慢慢渗入蓄水层，污染附近的饮用水水源，也可能通过出现破裂的气井套管或者附近的废弃管井泄漏到蓄水层，污染地下水。②水力压裂可能导致不同的含水层间发生沟通、联系、混合作用，也可能导致深部页岩层的水和浅层地下水之间产生水力联系，进而影响地下水的水质。

（3）压裂液返排阶段

压裂返排液是指水力压裂作业结束后返排回地表的液体，主要包括地下水、钻井岩屑和废压裂液等。因地质构造的不同压裂液返排量为整体用量的 10%～70%，压裂初期返排量较大，后期以持续缓慢形式进行返排。返排液成分复杂，除了压裂液外，还含有烃类化合物、重金属和溶解性固体等，其中溶解性固体主要包括 Na^+、K^+、Ca^{2+}、氯化物和碳酸盐以及随返排液带出的页岩气岩层天然辐射性物质，且总溶解固体（TDS）含量极高，海相岩层采出水中 TDS 含量可达 30×10^4 mg/L，接近海水的 10 倍。同时压裂液在地下停留时间越长，溶解固体越多，返排液中污染物浓度就越高，返排液的处理方式也就越复杂[17]。目前常用的返排液的处理方式有就地排放、拉到污水处理厂处理之后排放和经过处理之后回灌，如果对这些含有有毒物质的返排液回灌之前处理不当，回灌过程中势必会使化学物质渗透到浅层土壤，然后进入含水层，造成地下水污染。

2.2　页岩气开发生态环境影响识别

页岩气开发能够保证国家能源安全、改善区域基础设施、增加就业以及带动当地经济发展，但在其开发建设和运营过程中不可避免会给当地的自然、生态环境带来一定的影响，具体表现在土地资源占用、土壤污染、水环境污染和水资源消耗等方面。

2.2.1　页岩气开发对生态环境影响的关键节点分析

根据页岩气开发产能建设项目的特点，页岩气工程建设对生态环境的影响主要包括土地资源占用、土壤环境污染、水环境污染和水资源消耗。其中施工期建设和井场布设会占用当地的土地资源，破坏农田与植被，引起水土流失，并带来经济损失；运营期和退役期产生的固体废物，如钻井泥浆和钻井岩屑等影响土壤环境；产生的钻井废液、水力压裂液和压裂返排液等会污染水环境[20]；同时页岩气开发水力压裂技术还会消耗大量的水资源，对生态环境造成不同程度的影响，见图 2-3。

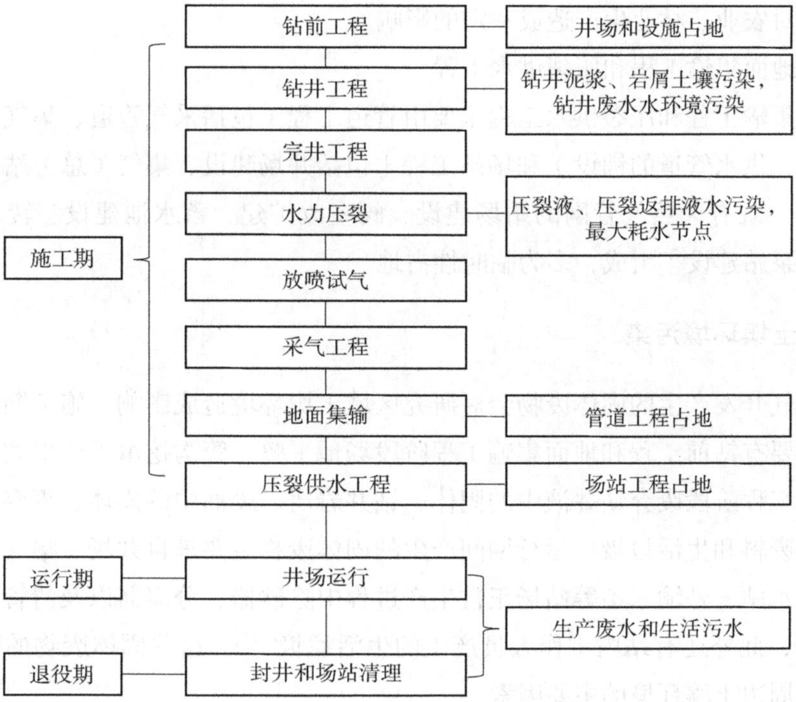

图 2-3　页岩气开发生态环境负荷节点

2.2.1.1 土地资源占用

页岩气单井存在产量低、周期长、产量衰减快的问题。与常规气井有所不同，页岩气井通常在投产后一个月之内出现日产气量峰值，随后便进入产量递减期，投产一年后的日产气量可能不到峰值时期的10%，但衰减会在投产2～3年后趋于平缓，并以较低的日产气量维持较长的生产周期。因此，只有增加开发区内单井数量才能保证页岩气预期产量。为了建造气井，需要将一块土地建设页岩气开发平台放置设备并将其作为进入钻井现场的缓冲。页岩气开发单平台占地面积较大，且会随钻井数的增多而扩大。同时由于核心技术水力压裂的需要，压裂储液池的建造、罐车及压裂车设备的布置等也大幅增加了对土地的需求量。根据页岩气工程项目分析可知，页岩气土地资源占用主要分为临时性占地和永久性占地。其中项目施工期钻前工程、地面集输工程和压裂供水工程建设过程是对生态环境造成影响的主要工程活动。

（1）钻前工程

钻前工程包括井场场地清理及平整、井场临时施工道路建设、钻井平台基础准备、井口设备准备、放喷池修建、清污分流系统以及活动房布置等工程，该阶段土地资源利用类型多为永久性占地，会造成对地表土壤和植被等的破坏，引起水土流失，进而对农业、林业生产造成一定的影响。

（2）地面集输工程和压裂供水工程

地面集输工程和压裂供水工程主要由管道工程（包括采气管道、集气干线、集外输干线、供水管道的铺设）和场站工程［包括井场建设、集气（总）站建设、脱水站建设、既有天然气管网的站场建设、阀室改扩建、蓄水池建设、转水泵站建设、取水泵站建设］组成，多为临时性占地。

2.2.1.2 土壤环境污染

页岩气开发产生的固体废物会对研究区域土壤环境造成影响。施工期产生的固体废物主要有钻前工程和地面集输工程阶段场地平整、管沟挖填等产生的弃土、弃渣，钻井工程阶段废弃钻井液中的固体、钻井岩屑、废油中的固体、废弃的包装材料、施工废料和生活垃圾。运行期间产生的固体废物主要来自井场、集气站、集气总站、脱水站、外输末站等站场正常生产过程中除砂器、分离器以及清管作业等产生的废渣，此外还有站内工作人员产生的生活垃圾[13]。这些固体废物的贮存与处理是影响周边土壤环境的主要因素。

2.2.1.3　水环境污染和水资源消耗

施工期对水环境造成影响的主要工程活动包括钻前工程、钻井工程（钻井、完井、压裂、试气）、采气工程、地面集输工程、压裂供水工程及辅助工程的建设；运行期的井场、地面集输工程的站场排污，如生产废水和生活污水，会对环境造成一定影响；退役期，对退役气井实施永久封堵和废弃，会产生少量的洗井废水对水环境造成影响。

水资源的消耗是页岩气开发面临的一项重要挑战。目前国内西南页岩气压裂过程中，每口井需要用水 2×10^4～3×10^4 m^3。水力压裂过程是页岩气开发利用工程最大的耗水节点，消耗的水资源占总用水量的 70%～98%，是水资源消耗的关键节点。另外，钻井过程、现场除尘、冲洗钻探设备以及工人生活等也需少量用水。

2.2.2　页岩气开发对生态环境的影响分析

2.2.2.1　土地资源占用

钻井和开采作业中需要建设道路和管道，水力压裂液清水池、返排液池等蓄水池的建设以及压裂设备（压裂车等）的布置等，都占用土地资源，虽多为临时性占地，但在运行期间也会给当地的生态环境带来一定的影响。在山区，大量土地资源被占用破坏，直接造成野生植被破坏，影响野生动物的栖息环境。而大量地表植被的破坏可能直接导致开发区局部水土流失和泥石流灾害。目前，我国四川省建成的页岩气开发区，占地多为林地与草地，页岩气开发会损害当地的生态环境；若占地位于农垦区，进场公路、钻井平台、生活区、堆土场等占用大量的耕地资源，将加剧土地矛盾。

2.2.2.2　土壤环境污染

页岩气开发产生的废水和固体废物会对研究区内土壤环境造成影响。其中废水对土壤环境的污染风险多由页岩气各开发阶段中钻井废水、洗井废水和压裂返排液等的泄漏引起。而固体废物造成的环境污染风险主要是钻井泥浆和钻井岩屑带来的。钻井泥浆和钻井岩屑分为水基和油基。油基钻井液是油、水、有机黏土和油溶性化学处理剂组成的混合体系，一般为油包水乳化泥浆，油相一般为柴油或煤油，占泥浆的 60%～70%，根据《国家危险废物名录》，油基废弃泥浆、含油岩屑和废油被确定为危险废物，主要污染物为石油类。目前工程项目所产生的废弃水基钻井液全部采用固化填埋的方式进行处理，对当地的土壤环境造成了一定的影响，而油基泥浆虽然按危险废物进行处置，但每年产生的废弃量较大，遮雨与防渗等措施若使用不当，也会给土壤环境带来严重的污染风险。同时页岩气产生的大量污染物会干扰生态系统的自然状态，导致生境破碎和生态系统退化，进而影响农田用地，破坏动植物及人类的生存环境。

2.2.2.3 水环境和水资源消耗

页岩气开发引起的水污染主要是钻井废水、洗井废水、压裂废水、压裂返排液和生活污水等对水环境的影响。其排放的废水会导致水环境中的悬浮性或深沉污染物的浓度增加，磷等营养物质的混入可能导致地表水的富营养化；其次，返排液中的重金属及细菌等有害微生物进入饮用水水源后会对人体造成伤害。返排液中的TDS虽然不会直接给人体带来伤害，却限制了其在农业灌溉和牲畜饮水等方面的利用潜力[21]。另外，页岩气开发会消耗大量水资源，对于一些干旱地区和季节性河流，如果不能合理安排取水的地点、频率和水量，长期、连续抽取水资源，不仅可能干扰当地的农业灌溉、工业生产和居民生活，而且还极易破坏地下蓄水层储水功能，降低地表水的稀释和净化能力，影响水生动植物的生长，破坏水生环境，影响水资源的可持续利用。

2.2.2.4 动植物多样性影响

页岩气开发会对研究区周边动植物产生影响。施工期会占用农田及林地，受影响的野生动物以野兔、鼠类、雀类等广布型小型兽类、鸟类及当地常见的爬行类、两栖类为主。项目对占地范围内植被的破坏，将直接影响穴居的啮齿类、爬行类动物及筑巢、林间觅食的鸟类。除了占地影响生境外，页岩气开发产生的主要影响还包括噪声，钻井过程的噪声源强在85～100 dB（A），动物长期在高噪声的环境生存可能影响其生理机能，但是与植物不同，动物易于躲避干扰、重新寻找远离干扰源的生境定居，且钻井噪声属于短期、可逆的伤害，钻井结束后，对动物的影响也随之消失[22]。

页岩气开发将严重破坏征地范围内的地表植被，形成与施工场地周围环境反差较大、不相融的裸地景观，且钻井架、钻井设备进入后，在无山体阻隔的情况下，很远都能看，会对施工场所周围人群的视觉产生极大冲击。另外，对地表植被的完全破坏和工程区土壤的扰动，会使雨季松散裸露的坡面形成水土流失，导致区域土壤侵蚀模数增大，对下游植被和水体产生影响，进而对区域景观环境质量产生整体影响。页岩气开发会占用当地农田，施工期临时性占地对农田景观产生的影响属于短期不利影响，这种影响是可逆的，不会改变影响范围内农业生产结构，工程结束后不利影响会很快消失。项目区农业历史久远，景观生态类型具有明显人工和半人工特点，从整个影响区域来看，无论是根据景观比例还是景观优势度判断，占据重要位置的景观类型均为人工栽培植被景观，它同时也是受工程建设影响最大的景观。

2.3　小结

本章详细阐述了页岩气开发对水资源、水环境和生态环境的影响。页岩气开发耗水 2×10^4～3×10^4 m^3，钻井和水力压裂是页岩气开发的主要耗水阶段，消耗的水资源占总用水量的 70%～98%。页岩气开发对水环境产生的影响主要包括钻井阶段的钻井废水、水力压裂的压裂废水、返排液和运行期的气田水。页岩气开发对生态环境的影响主要包括对土地资源的占用、对土壤环境的污染和对动植物多样性的破坏等。页岩气开发占用土地资源，虽多为临时性占地，但也会给当地的生态环境带来一定的影响，占用的土地利用类型主要为耕地，约占总面积的 78%。钻井过程中使用的油基钻井液是油、水、有机黏土和油溶性化学处理剂组成的混合体系，会对当地的土壤环境造成一定的影响。

第3章

页岩气开发水资源承载力研究

3.1　页岩气开发水资源承载力评价指标体系

3.1.1　评价指标体系构建原则

（1）科学性与可操作性相结合原则

评价指标的构成应以深入理解水资源承载力理论为前提，建立在科学合理分析的基础上，同时必须考虑在实际应用中数据和信息的可获取性。

（2）定性与定量相结合原则

评价指标体系应尽量选择可量化指标，对难以量化的重要指标先定性描述，再进一步定量转化。

（3）动态与静态相结合原则

区域水资源承载力系统是一个不断变化的动态系统。对系统进行综合评价要充分考虑指标的动态性，既要有静态指标也要有动态指标。

（4）系统性与层次性原则

区域水资源承载力系统涉及水资源、生态环境系统、社会产业发展，评价指标由不同层次、不同要素组成，指标系统的建立必须充分体现系统性和层次性。

（5）简洁性原则

区域水资源承载力综合评价的指标是多方面的，通常情况下指标数量越多，指标的覆盖面就越大，但指标的信息重复也会越多，因此必须通过科学筛选，建立高效简洁的指标体系。

3.1.2　页岩气开发水资源承载力评价指标

3.1.2.1　页岩气开发水资源压力指标

（1）页岩气开发单口井的需水量

压裂水平段的深度、长度和数量决定了单口井需水量。水平段越长、在地底的位置越深、延伸出的裂缝越多，压裂过程中所需水量就越大。并且页岩区块的地质特征不同，也会导致单口井开发的用水量有很大差异。

（2）页岩气井群的开发规模

威远境内比较大的页岩气井群，平均每个井区有 7～9 个钻井平台，每个钻井平台平均布井 5～7 口，一个井群的耗水量就是单口井耗水量的 35～63 倍。页岩气井群的开发规模越大，所占用的区域的水资源的总量就越大。

（3）压裂液返排率

上文所述皆是对区域水资源承载力有负面影响的因素，在页岩气开发过程中，也存在对区域水资源承载力具有正向作用的因素——压裂液返排率以及返排液处理回用率。压裂返排液是水力压裂完成初期从井中返排的混合液，由于不同地区的地质条件和所使用的压裂液组成存在差异，返排率变化很大（为 10%～70%）。目前对于返排液的处理处置更倾向于经过一定处理后回用至下一口井中，在一定程度上减少资源消耗。所以压裂液返排率和返排液的处理回用率对于降低钻井和压裂阶段对水资源的需求具有重要作用。

（4）人类社会对水资源的消耗

区域水资源不仅要满足区域页岩气开发的需求，还要为居民生活和产业发展等提供保障。产业发展和人口增长会造成更多的水资源占用以及更多的污染物排放，从两方面加重对水资源承载力的压力。区域产业耗水量大的主要是工业和农业，分别用万元工业增加值用水量和亩①均耕地水资源量来表示工业和农业用水现状。人口增长和居民生活对水资源承载力的压力用人均生活用水量[23]表示。维持生态环境平衡所需水量用生态用水量表示。

3.1.2.2 页岩气开发水资源承载力指标

水资源条件对于页岩气开发水资源承载力的影响主要体现在两方面，水资源数量和水资源质量。水资源的数量是页岩气开发最为主要的制约因素，比如西北地区本身水资源比较匮乏，即使页岩气储量大也无法顺利进行开采。目前，我国设立了涪陵勘探开发区、长宁勘探开发区、威远勘探开发区、昭通勘探开发区和富顺—永川勘探开发区，这些地区地表水资源丰富，因此在页岩气开发过程中，应保证地下水资源的可持续性发展，防止地下水资源被过量开采和污染，尽量优先选择使用地表水资源。在水资源数量方面要确定的指标为区域水资源可利用量、过境水补给量以及干燥度，这些指标体现了当地地表水资源的丰富程度。同时选取水资源利用率这一指标，反映水资源可继续开发利用的情况。

3.1.3 页岩气开发水资源承载力评价指标体系构建

根据水资源承载力理论和可持续发展理论，结合页岩气实际开发过程，将指标体系分为 3 个层次：①以页岩气开发水资源承载力评估为目标层；②以区域水资源丰度指标、社会水资源压力指标、页岩气开发水资源压力指标为准则层；③根据指标筛选原则和页岩气开发水资源环境影响因素选择了 10 个指标[24]作为指标层，

① 1 亩 =0.066 7 hm^2。

具体指标见表 3-1。

表 3-1　页岩气开发水资源评价指标体系

目标层	准则层（B）		指标层（C）
页岩气开发水资源承载力（A）	承载本底	区域水资源丰度指标（B_1）	人均水资源占有量（C_1）
			干燥度（C_2）
			水资源开发利用率（C_3）
	承载状态	社会水资源压力指标（B_2）	生活用水量（C_4）
			生态用水量（C_5）
			万元工业增加值用水量（C_6）
			农业用水量（C_7）
		页岩气开发水资源压力指标（B_3）	页岩气开发单井用水量（C_8）
			压裂液返排率（C_9）
			页岩气开发规模（C_{10}）

3.1.3.1　区域水资源丰度指标

区域水资源丰度指标（B_1）包括人均水资源占有量（C_1）、干燥度（C_2）和水资源开发利用率（C_3），见表 3-2。

表 3-2　区域水资源丰度指标说明

评价指标	单位	说明
人均水资源占有量（C_1）	m^3	在一定地区（流域）内，某一个时期平均每个人占有的水资源量
干燥度（C_2）[25]	—	表征地区干湿程度的指标，反映页岩气开发区域一段时间内水分的收入和支出状况
水资源开发利用率（C_3）[26]	%	页岩气开发区域内水资源的开发程度，反映水资源可继续开发利用的程度

（1）人均水资源占有量（C_1），见式（3-1）。

$$C_1=\frac{D_1}{D_2} \tag{3-1}$$

式中，D_1——地表水资源总量，m^3；

D_2——研究区人口数量。

（2）干燥度（C_2），见式（3-2）。

$$C_2=0.16\times\frac{D_3}{D_4} \tag{3-2}$$

式中，D_3——全年≥10℃积温；

D_4——全年≥10℃期间的降水量，mm。

（3）水资源开发利用率（C_3），见式（3-3）。

$$C_3=\frac{D_5}{D_6} \tag{3-3}$$

式中，D_5——流域或区域用水量，m^3；

D_6——研究区地表水资源总量，m^3。

3.1.3.2 社会水资源压力指标

社会水资源压力指标（B_2）包括人均生活用水量[27]（C_4）、生态用水量（C_5）、万元工业增加值用水量（C_6）和亩均耕地水资源量（C_7），见表 3-3。

表 3-3 社会水资源压力指标说明

评价指标	单位	说明
生活用水量（C_4）	万 m^3/d	反映当下居民生活用水对水资源承载力的压力
生态用水量（C_5）	亿 m^3	反映水资源对区域生态环境的保障程度以及生态环境用水对水资源承载力造成的压力
万元工业增加值用水量（C_6）	m^3/ 万元	从工业用水方面反映当下产业发展对水资源承载力造成的压力
农业用水量（C_7）	m^3/s	从农业用水方面反映当下产业发展对水资源承载力造成的压力

（1）生活用水量（C_4），见式（3-4）。

$$C_4=D_7 \tag{3-4}$$

式中，D_7——居民日均生活用水量，万 m^3/d。

（2）生态用水量（C_5）：数据来源于研究区水资源公报，单位为亿 m^3。

（3）万元工业增加值用水量（C_6），见式（3-5）。

$$C_6=D_8 \tag{3-5}$$

式中，D_8——万元工业增加值用水量，m^3/ 万元。

（4）农业用水量（C_7），见式（3-6）。

$$C_7=D_9 \tag{3-6}$$

式中，D_9——单位时间农业用水量，m^3/s。

3.1.3.3 页岩气开发水资源压力指标

页岩气开发水资源压力指标（B_3）包括页岩气开发单井用水量（C_8）、压裂液返排率（C_9）和页岩气开发规模（C_{10}），见表 3-4。

表 3-4　页岩气开发水资源压力指标说明

评价指标	单位	说明
页岩气开发单井用水量（C_8）	m^3	包括钻井用水量和压裂用水量，反映出页岩气开发用水对于水资源承载力造成的压力
压裂液返排率（C_9）	%	压裂液返排率越高，经处理后可再回用的水资源量越大，单口井压裂消耗的新的水资源量越小，对水资源承载力造成的压力越小
页岩气开发规模（C_{10}）	口	代表研究区页岩气开发井的数量

1）页岩气开发单井用水量（C_8），见式（3-7）。

$$C_8=D_{10}+D_{11} \tag{3-7}$$

式中，D_{10}——钻井用水量，m^3；

D_{11}——压裂用水量，m^3。

2）压裂液返排率（C_9），见式（3-8）。

$$C_9=\frac{D_{12}}{D_{13}} \tag{3-8}$$

式中，D_{12}——返排液量，m^3；

D_{13}——压裂液量，m^3。

3）页岩气开发规模（C_{10}），见式（3-9）。

$$C_{10}=D_{14} \tag{3-9}$$

式中，D_{14}——页岩气开发井数量，口。

3.1.4　页岩气开发水资源承载力评价模型

水资源承载系统由承载主体和承载客体组成。水资源、经济社会、生态环境与水循环相互联系互相影响，水资源承载系统的主体是以流域水循环为基础的水资源系统，而承载的客体为水资源支撑的社会经济系统和生态环境系统。水资源承载力的最大容量或最大支撑人口、经济规模等问题，归根结底与人有关，且水资源量、产业结构、城市规模也与人口有最直接、最紧密的关系[23]。因此，在分析页岩气开发、其他人类活动影响和研究区水资源循环利用关系时，将研究区水资源可利用总量、人类活动（工业、农业和生活）耗水量和承载目标确定为水资源承载力评价指标，建立页岩气开发水资源承载力评价指标体系。同时，以压力—支持为核心，采用模糊—层次分析法对相关指标进行赋权和量化分析，完善页岩气开发水资源负荷与环境承载力评价指标体系。本书分别设置不同情景模式，对自然条件下和政府政策调控下的页岩气开发水资源可利用量进行研究，结合页岩气单井耗水量，预测研究区页岩气开发规模，完成页岩气开发水资源负荷与环境承载力综合评价模型框架（图 3-1）。

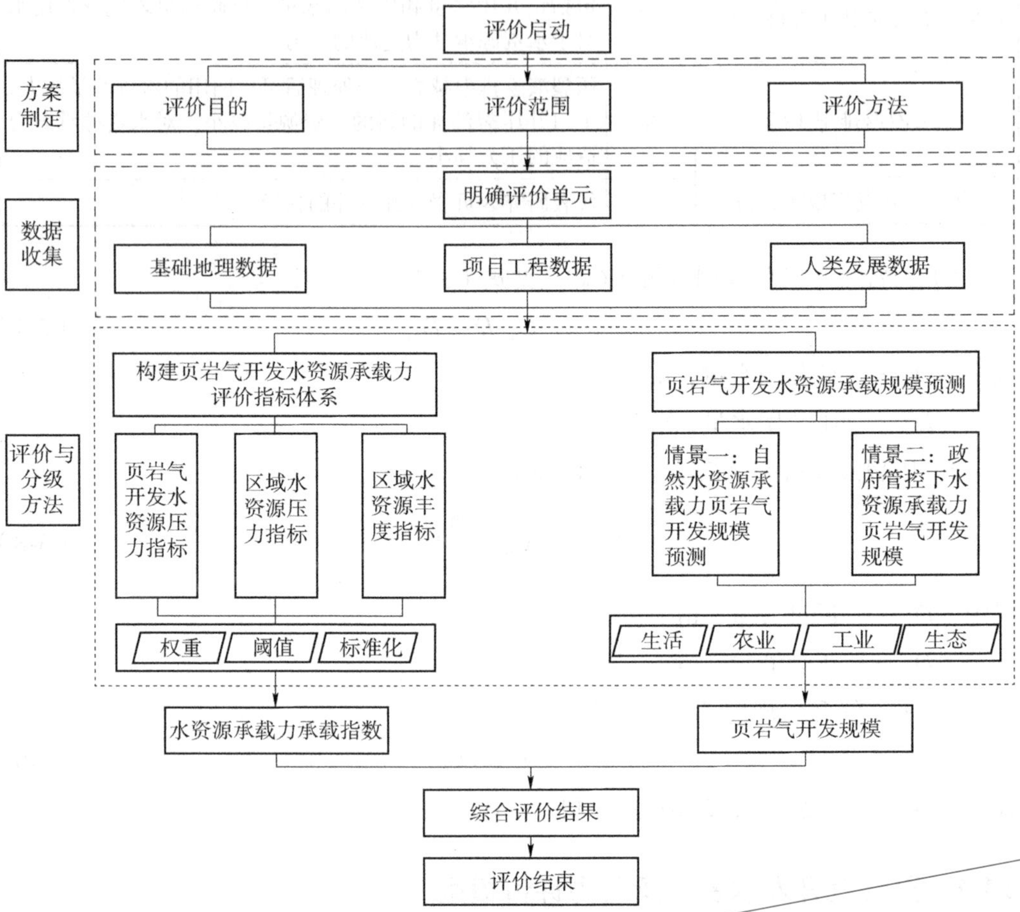

图 3-1　页岩气开发水资源负荷与环境承载力综合评价模型框架

3.1.5　页岩气开发水资源承载力评价方法

3.1.5.1　确定评价指标权重

目前，水资源负荷与环境承载力量化研究中赋权的方法主要分为主观赋权法和客观赋权法（表 3-5）。主观赋权法是根据专家主观经验按各指标对研究目标的影响程度来确定指标权重的大小，其主观性较强。其中的层次分析法（AHP）因能使复杂的问题层次化、简单化，在实际中被广泛应用，大量应用也使得层次分析法进一步完善。客观赋权法有较强的理论依据，不依赖人们的主观判断。但是客观赋权法计算比较烦琐，且不能体现决策者对指标的重视程度，因此会出现计算出的权重与指标的实际影响程度相悖[28]的现象。为了保证各指标能够尽可能地代表评估目标的完整性与科学性，本书引入模糊评价法，与层次分析法结合，完成水资源负荷与环境承载力评估，提高了决策可靠性，使得赋权更加科学准确。

表 3-5　赋权分类方法

序号	方法	分类
1	主观赋权法	层次分析法
2		专家调查法
3		二项系数法
4		TACTIC 法
5		最小平方法
6		环比评分法
7	客观赋权法	主成分分析法
8		熵值法
9		多目标规划法
10		变异系数法

（1）层次分析法

层次分析法（Analytic Hierarchy Process，AHP）是美国运筹学家匹茨堡大学教授萨蒂于 20 世纪 70 年代初提出的一种层次权重决策分析方法。其主要思想是通过定性和定量分析将与决策目标有关的影响因素分成目标层、准则层和指标层等层次，并达到系统决策的目的。层次分析法为分析影响因素、决策问题提供了层次思维框架，结构严谨、思路清晰；同时通过对比各指标并进行标度，为决策判断增加了一定的客观性；将定性与定量方法结合，增强了问题决策的科学性和实用性[24]。近些年，国内外大量学者将 AHP 法用于环境评价研究，并取得了良好的效果，推进了环境评价的研究进展。

（2）模糊层次分析法

层次分析法在解决问题时存在着一些不足，较为明显的是人为判断因素较多，导致主观性较强。AHP 的核心是用整数（1～9）及其倒数代表两两对应指标，对比标准构建判断矩阵，这种判断往往忽略了人为思考的模糊性，主观性较强。而人们在处理复杂的决策问题时往往是模糊的、非精确的，这对判别的一致性和准确性影响较大。为解决以上问题，人们在层次分析法中引入模糊一致矩阵，得到一种实用有效的模糊层次分析法（FAHP）。模糊层次分析法将模糊分析法与层次分析法相互结合，它与普通层次分析法的主要区别在于判断矩阵的模糊性。该方法对传统层次分析法存在的问题进行了改进，并提高了决策可靠性[29]。具体表现如下。

①通过优先判断矩阵将对决策解决方案的分析由定性分析转换为定量分析。

②结合优先关系矩阵和一定的算法构造模糊一致的判断矩阵，解决了判断矩阵的一致性问题。

③通过精确的数字手段处理模糊的评价对象，能对蕴藏信息呈现模糊性的资料作出比较科学、合理、贴近实际的量化评价。

（3）运算步骤

①建立层次结构图

采用FAHP解决多元素复合层问题时，应先将问题层次化、结构化和条理化，再构建层次分析的结构模型。在这个结构模型中，复杂问题被分解为各种元素，这些元素按照不同属性被分成若干组，形成分层。同一层的元素既支配下一层的元素，又受上一层的元素控制[30]。一般进行复杂问题决策时，将问题分为目标层、准则层和指标层三层。

②构建优先关系矩阵

通过矩阵 $\boldsymbol{F}=(f_{ij})_{m\times n}$ 的形式，判断每一层中的元素对上一层元素的相对重要性，具体构建准则如下所示：

若因素 i 比 j 重要，则 $f_{ij}=1.0$；

若因素 j 比 i 重要，则 $f_{ij}=0$；

若因素 i 与 j 同样重要，则 $f_{ij}=0.5$；

③建立模糊一致判断矩阵

首先对模糊判断矩阵 $\boldsymbol{F}=(f_{ij})_{m\times n}$ 进行按行求和

$$r_i=\sum_{k=1}^{m}f_k,\ i=1,\ 2,\ \cdots,\ m \tag{3-10}$$

经过数学变换得

$$r_{ij}=\frac{r_i-r_j}{2m}+0.5 \tag{3-11}$$

以模糊一致判断矩阵 $\boldsymbol{R}$ 进行本层次与上一层有关元素之间相对重要性的比较，假定上一层次的元素 c 同下一层次中的元素 a_1，a_2，…，a_n 有联系，则模糊一致性判断矩阵可表示为

c	a_1	a_2	$\cdots$	a_n
a_1	r_{11}	r_{12}	$\cdots$	r_{1n}
a_2	r_{21}	r_{22}	$\cdots$	r_{2n}
$\vdots$	$\vdots$	$\vdots$	$\vdots$	$\vdots$
a_n	r_{n1}	r_{n2}	$\cdots$	r_{nn}

r_{ij} 表示相对于 c，元素 a_i 和元素 a_j 进行比较时，两者具有模糊关系“……比……重要”的隶属度，为了将其定量化采用 0.1～0.9 给予数量标度（表 3-6）。

表 3-6　0.1～0.9 标度法

标度	定义	说明
0.5	同等重要	两元素相比较，同等重要
0.6	稍微重要	两元素相比较，一元素比另一元素稍微重要
0.7	明显重要	两元素相比较，一元素比另一元素明显重要
0.8	重要得多	两元素相比较，一元素比另一元素重要得多
0.9	极端重要	两元素相比较，两元素重要性差异悬殊
0.1，0.2，0.3，0.4	反比较	元素 a_i 与元素 a_j 相比较得到判断 r_{ij}，则元素 a_i 与元素 a_j 相比较得到的判断为 r_{ij}=1−r_{ji}

进而得到模糊判断矩阵

$$\boldsymbol{R}=\begin{bmatrix} r_{11} & r_{12} & \cdots & r_{1n} \\ r_{21} & r_{22} & \cdots & r_{2n} \\ \vdots & \vdots & \vdots & \vdots \\ r_{n1} & r_{n1} & \cdots & r_{nn} \end{bmatrix} \tag{3-12}$$

R 具有如下性质

$$\begin{aligned} & r_{ij}=0.5 && i=1,\ 2,\ \cdots,\ n \\ & r_{ij}=1-r_{ji} && i,\ j=1,\ 2,\ \cdots,\ n \\ & r_{ij}=r_{ik}-r_{jk} && i,\ j,\ k=1,\ 2,\ \cdots,\ n \end{aligned} \tag{3-13}$$

④计算相对权重并进行层次单排序

推算本层次各因素对上一层次的某个因素重要性次序的方法一般为根法和和法。

根法即采用几何平均将矩阵 $\boldsymbol{R}$ 的各个列矢量归一化，得到的列矢量就是权重矢量。如式（3-14）所示

$$\boldsymbol{W}_{\mathrm{s}}=\frac{\left(\prod_{j=1}^{n} a_{ij}\right)^{1/n}}{\sum_{k=1}^{n}\left(\prod_{j=1}^{n} a_{kj}\right)^{1/n}},\ i=1,\ 2,\ \cdots,\ n \tag{3-14}$$

和法就是采用 n 个列向量的算术平均作为权重向量。

$$\boldsymbol{w}_s = \frac{1}{n}\sum_{j=1}^{n}\frac{a_{ij}}{\sum_{k=1}^{n} a_{kj}}, i=1, 2, \cdots, n \quad (3\text{-}15)$$

⑤层次总排序

假设第 $k-1$ 层上 n_{k-1} 个元素权重排序矢量为

$$\boldsymbol{w}^{(k-1)} = \left[w_1^{(k-1)}, \ w_2^{(k-1)}, \cdots, w_{n_{k-1}}^{(k-1)}\right]^{\mathrm{T}} \quad (3\text{-}16)$$

第 k 层上 n_k 个元素以第 $k-1$ 层上第 j 个元素为准则的排序权重矢量设为

$$\boldsymbol{p}_j^{(k)} = \left[p_{1j}^{(k)}, p_{2j}^{(k)}, \cdots, p_{nj}^{(k)}\right]^{\mathrm{T}} \quad (3\text{-}17)$$

其中，不受 j 元素支配的元素权重取为零，矩阵 $\boldsymbol{p}^{(k)}=(p_1^{(k)}, p_2^{(k)}, \cdots, p_{n_{k-1}}^{(k)})$ 是 $n_k \times n_{k-1}$ 的矩阵，表示 k 层上元素对 $k-1$ 层上各元素的排序，那么第 k 层上元素对总目标的合成排序矢量 $\boldsymbol{w}_i^{(k)}$ 如下所示

$$\boldsymbol{w}_i^{(k)} = \sum_{j-1}^{n_{k-1}} p_j^{(k)} w_j^{(k-1)} \quad (3\text{-}18)$$

$$\boldsymbol{w}_i^{(k)} = p^{(k)} p^{(k-1)} \ldots w^{(2)} \quad (3\text{-}19)$$

式中，$\boldsymbol{w}^{(2)}$——第二层上元素对总目标的排序矢量。

首先依据页岩气开发地下水环境综合影响分析与 0.1～0.9 标度法确定各层次指标的两两判断矩阵，然后依据模糊—层次分析法基本原理、公式和两两判断矩阵，确定出各层因子指标的权重，计算结果见表 3-7。

表 3-7　页岩气开发水资源承载力评价指标权重

区域水资源丰度指标（B_1）		社会水资源压力指标（B_2）		页岩气开发水资源压力指标（B_3）	
指标	推荐权重	指标	推荐权重	指标	推荐权重
C_1	0.19	C_4	0.11	C_8	0.034
C_2	0.19	C_5	0.08	C_9	0.031
C_3	0.12	C_6	0.1	C_{10}	0.035
—	—	C_7	0.11	—	—
—	—	—	—	—	—

3.1.5.2　指标评分

页岩气开发水资源承载力评价指标评分区间为 1～10。其中压力指标数值越大，代表页岩气开发和人类活动对研究区水资源的影响越大；支持力指标（区域水资源丰度指标）数值越大，代表研究区的水资源和水环境的承载能力越强。

（1）区域水资源丰度指标评分

区域水资源丰度指标评分见表 3-8。

表 3-8　区域水资源丰度指标评分

指标名称	指标值		推荐评分值
人均水资源占有量（C_1）	2 000～3 000 m^3		7～10
	1 000～2 000 m^3		5～7
	500～1 000 m^3		3～5
	0～500 m^3		1～3
干燥度[1]（C_2）	0～1	湿润	7～10
	1～1.5	半湿润	5～7
	1.5～4	半干旱	3～5
	4～16	干旱	1～3
	>16	极干旱	1
水资源开发利用率[2]（C_3）	30%～100%		1～3
	10%～30%		3～7
	0～10%		7～10

（2）社会水资源压力指标评分

社会水资源压力指标评分见表 3-9。

表 3-9　社会水资源压力指标评分

指标名称	指标值				推荐评分值
生活用水量[2]（C_4）	≥15 万 m^3/d				7～10
	5 万～15 万 m^3/d				3～7
	0～5 万 m^3/d				1～3
生态用水量[3,4]（C_5）	海滦河流域 / 亿 m^3	黄河流域 / 亿 m^3	海河流域 / 亿 m^3	山东诸河流域 / 亿 m^3	推荐评分值
	<18.84	<2.55	<9.33	<8.62	1～3
	18.84～32.32	2.55～5.81	9.33～19.14	8.62～17.36	3～5
	32.32～51.56	5.81～10.67	19.14～35.80	17.36～30.89	5～7
	51.56～72.48	10.67～15.53	35.80～54.08	30.89～45.74	7～9
	>72.48	>15.53	>54.08	>45.74	9～10

续表

指标名称	指标值	推荐评分值
万元工业增加值用水量[2]（C_6）	不应大于全国值的 50%（0～50%）	1～5
	全国值的 50%～60%	5～6
	全国值的 60%～70%	6～7
	大于 70%（70%～100%）	7～10
农业用水量[2]（C_7）	≥20 m^3/s	7～10
	3～20 m^3/s	3～7
	0～3 m^3/s	1～3

（3）页岩气开发水资源压力指标评分

页岩气开发水资源压力指标评分见表 3-10。

表 3-10　页岩气开发水资源压力指标评分

指标名称	指标值	推荐评分值
页岩气开发单井用水量[5]（C_8）	24 310～37 770 m^3	1～10（以实际用水量等比评分）
压裂液返排率[5]（C_9）	＞30%	10
	20%～30%	7～10
	10%～20%	3～7
	<10%	1～3
页岩气开发规模[5, 6]（C_{10}）	≥12 500 口	9～10
	1 250～12 500 口	7～9
	125～1 250 口	5～7
	13～125 口	3～5
	≤13 口	1～3

3.1.5.3　评价结果分级

根据前文水资源定义与页岩气开发水资源承载力评价指标体系可知，页岩气开发水资源承载力评价的研究重点在水资源的供需平衡情况上，即研究人口增长和产业发展对当地水资源的压力和区域内水资源的支撑能力之间的协调关系。承载力指数是反映水资源社会经济系统承载状态的指标，综合对比了水资源系统（承载力的支持系统）与其所承载的社会、经济及生态环境系统（承载力的压力系统）。因此，选用水资源承载指数作为页岩气开发水资源承载力的评价结果。

（1）支持力指数

水资源支持力的主要影响因素是水资源子系统中的各个指标，将区域水资源丰度指数（B_1）系统中的各指标评价值求和，得出支持力指数 $CCS_{水资源}$

$$CCS_{水资源}=\sum_{j=1}^{j=3} Z_{B_1} \tag{3-20}$$

（2）压力指数

水资源压力的影响因素主要为页岩气开发水资源压力指数（B_3）和社会水资源压力指数（B_2）两个子系统中的指标，将其中各指标评价值求和，得出压力指数 $CCP_{水资源}$

$$CCP_{水资源}=\sum_{j=4}^{7} Z_{B_2}+\sum_{j=8}^{10} Z_{B_3} \tag{3-21}$$

（3）水资源承载力指数

水资源承载力指数反映了压力和支持力的相对关系，即

$$CCI_{水资源}=\frac{CCP_{水资源}}{CCS_{水资源}} \tag{3-22}$$

承载力指数反映了水资源的承载状况。当 $CCI_{水资源}>1$ 时，水资源的压力 $CCP_{水资源}$ 大于支持力 $CCS_{水资源}$，说明水资源系统超载；当 $CCI_{水资源}=1$ 时，水资源的压力 $CCP_{水资源}$ 等于支持力 $CCS_{水资源}$，水资源承载力达到最大承载能力；当 $CCI_{水资源}<1$ 时，表示水资源的压力小于支持力。为了保证页岩气开发的可持续发展，应保证水资源的压力不超过支持力，即承载力指数 $CCI_{水资源}$ 应小于等于 1。页岩气开发水资源承载力评估结果分级见表 3-11。

表 3-11　页岩气开发水资源承载力评估结果分级

序号	承载关系		分级
1	超载	$CCI_{水资源}>1$	Ⅰ
2	平衡	$CCI_{水资源}=1$	Ⅱ
3	承载	$CCI_{水资源}<1$	Ⅲ

3.2　页岩气开发水资源承载规模预测

页岩气开发水资源承载力量化研究主要根据研究区水资源可承载量计算页岩气的最大开发规模，因此采用水资源供需平衡法分析页岩气开发水资源承载能力。

3.2.1 量化原则

（1）近期和远期相结合

水资源的供需必须有中长期的规划，一般分为现状、中期和远期 3 个阶段，既要把现阶段的供需情况弄清楚，又要充分分析未来的供需变化。

（2）流域和区域相结合

在牵涉上、下游分水和跨地区跨流域调水时，更要注意大、小区域的结合。

（3）综合利用和保护相结合

水资源是具有多种用途的资源，对其进行开发利用应做到综合考虑，尽量一水多用，妥善处理，避免污染。

3.2.2 评价区域与评价时段划分

评价区域可按照自然地理单元、行政区划单元、经济开发（土地利用）单元等标准划分成有限数量的自然评价单元，或者抛开自然边界，将之剖分成数量众多且形状和大小都相同的网格单元。剖分单元大小可根据评价区域的大小、数据资料丰富程度、评价区域的复杂程度来确定，并可以根据实际情况在复杂地段进行加密。同时尽量按照流域、水系划分，照顾行政区划的完整性，尽量不打乱供水、用水和排水系统，以便资料的收集和统计[31]，另外，按行政区划更有利于水资源的开发利用和保护的决策管理。

区域水资源计算时段可采用年、季、月、旬和日，选取的时段长度要适宜，划得太大往往会掩盖供需之间的矛盾，缺水期往往是处于时间很短的几个时段里。实际工作中划分计算时段一般以能客观反映计算地区的水资源供需为准则，以旬或月为计算时段进行分析，最后计算结果应汇总并以年为单位进行供需平衡分析。

3.2.3 量化方法

水资源供需平衡法侧重于对客观存在的水资源供需关系进行分析，反映问题直观、明晰、贴近实际，因而适合作为页岩气开发区水资源承载力的评价方法。水资源供需平衡法是以区域水资源供需平衡为出发点，通过对水资源总量和用水量的供需数量关系进行对比和解析，分析区域水资源承载能力的现状，预测水资源承载力的变化趋势及其对社会、经济发展的支撑情况。页岩气开发水资源承载规模计算分为供水模块、用水模块和页岩气开发模块，其中供水模块反应研究区的水资源总量，包括地表水资源量、地下水资源量、重复计算量和跨流域调水量；用水模块包括生活用水、农业用水、工业用水和生态用水；页岩气开发模块包括页岩气单井耗水量和页岩气开发井口数量。

（1）供水模块

目前川渝地区页岩气开发主要用水为地表水，因此供水量只分析研究区地表水资源量，根据《水资源可利用量估算方法（试行）》可知，地表水可利用量具体计算过程如下。

地表水可利用量的计算方法有两种：

倒算法：

$$W_{地表水可利用总量}=W_{地表水资源量}-W_{河道内最小生态环境需水量}-W_{汛期弃水} \tag{3-23}$$

正算法：

$$W_{地表水可利用总量}=k_{用水消耗系数}\times W_{最大用水需求} \tag{3-24}$$

式（3-23）中，河流内最小生态环境需水量计算如式（3-25）所示。

$$W_{河道内最小生态环境需水量}=\frac{1}{n}\left(\sum_{i=1}^{n}W_i\right)\times K \tag{3-25}$$

式中，$W_{河道内最小生态环境需水量}$——河流最小生态环境需水量；

W_i——第 i 年的地表水资源量；

K——选取的百分数。

式（3-23）中，汛期弃水计算如式（3-36）所示。

$$W_{汛期弃水}=\frac{1}{n}\times\sum\left(W_i-W_{\mathrm{m}}\right) \tag{3-26}$$

式中，$W_{汛期弃水}$——多年平均汛期难于控制利用的洪水量；

W_i——第 i 天汛期天然径流量；

W_{m}——流域汛期最大调蓄及用水消耗量；

n——统计年数。

地表水可利用量预测：根据研究区水资源公报得到研究区水资源可利用量，通过时间序列法（Arma 模型）计算规划时间段的供水量。

（2）用水模块

用水量包括生活用水、工业用水、农业用水和生态用水。其计算式为

$$W_{用水量}=W_{\mathrm{A}}+W_{\mathrm{I}}+W_{\mathrm{F}}+W_{\mathrm{E}} \tag{3-27}$$

式中，W_{A}——评价区内的农业用水量；

W_{I}——评价区内的工业用水量；

W_{F}——评价区内的生活用水量；

W_{E}——评价区内的生态用水量。

其中工业用水量计算公式如下

$$W_I=Q_C+Q_D+Q_R \tag{3-28}$$

式中，W_I——工业用水量，m^3/a；

Q_C——耗水量，m^3/a；

Q_D——排水量，m^3/a；

Q_R——重复用水量，m^3/a。

工业用水的预测：依据历史工业需水量，采用时间序列法（Arma 模型），可推算规划年工业需水量。

农业用水量主要是灌溉需水 $M_{净}$，计算公式如下

$$W_A \approx M_{净}=m\omega \tag{3-29}$$

式中，m——作物某次灌水的灌水定额，m^3/ 亩；

ω——该作物的灌溉面积，亩。

农业用水的预测：采用时间序列法（Arma 模型）对未来年份灌溉系数预测，计算出规划年灌溉需水量。

生活用水量在城镇和农村存在一定差异，可分别计算。根据国家发展规划，城镇化率保持在 75%，可计算出未来规划年城市和农村人口数量，再由城镇和农村生活用水定额计算生活需水量，计算公式如下

$$W_F=365qm/1\,000 \tag{3-30}$$

式中，W_F——生活用水量，m^3/a；

q——人均生活用水定额，L/（人·d）；

m——预测期用水人口数，人。

生态用水量由绿地水体、城镇卫生用水、河流湖泊补水组成，根据绿地面积、河湖面积和城镇卫生情况及用水定额计算生态需水量。

（3）页岩气开发模块

页岩气开发模块中，页岩气单井耗水情况按每口井压裂约 18 段，每段用水量 1 800 m^3，排液在生产期开井后约 45 d 内，返排率 25%，累积返排液量约 8 100 m^3 计算。单井开井返排出水情况符合如下规律：开井排液时 1～3 d 内返排液量较小，4～25 d 内返排液量逐渐增大，在 12～25 d 达到峰值（最大返排液量约为 300 m^3/d），而后从 25～45 d 返排液量逐渐减小到 5～40 m^3/d。

根据研究区地表水可利用总量与研究区其他工业、农业、生活和生态用水量的差值，得到页岩气开发水资源可利用量，并依据单井需水量计算页岩气井开发规模。计算公式如下

$$N=\frac{\left(W_{地表水可利用总量}-W_{需水量}\right)}{q} \tag{3-31}$$

式中，q——页岩气单井需水量，m^3/a；

N——研究区页岩气井的数量，口。

3.3 小结

（1）通过识别页岩气开发对水资源的影响因素，明确页岩气开发对水资源的影响主要与页岩气开发单口井的需水量、页岩气井群的开发规模、压裂液返排率、人类社会对水资源的消耗和研究区水资源丰度情况有关。基于“压力—支持力”核心思想，建立了页岩气开发水资源承载力评价指标体系，包含区域水资源丰度、社会水资源压力、页岩气开发水资源压力 3 个准则指标，人均水资源占有量、干燥度、水资源开发利用率、生活用水量、生态用水量、万元工业增加值用水量、农业用水量、页岩气开发单井用水量、压裂液返排率和页岩气开发规模 10 个评价指标，采用模糊层次分析法确定权重，量化了评价结果分级，构建页岩气开发水资源承载力评价模型。

（2）以近期和远期相结合、流域和区域相结合、综合利用和保护相结合为原则，采用水资源供需平衡法，建立页岩气开发水资源承载规模量化模型。其中供水模块代表研究区的水资源总量包括地表水资源量、地下水资源量、重复计算量和跨流域调水量，用水模块包括生活用水、农业用水、工业用水和生态用水；页岩气开发模块包括页岩气单井耗水量和页岩气开发井口数量。通过对水资源总量和用水量的供需数量关系的对比和解析，来分析区域水资源承载力现状，并预测水资源承载力的变化趋势及其对社会、经济发展的支撑能力。

第4章

页岩气开发水环境负荷与环境承载力研究

4.1　页岩气开发水环境负荷与环境承载力评价指标体系研究

4.1.1　评价指标体系构建原则

（1）科学性原则

指标体系的设计及评价指标的选择必须建立在科学的基础上，每个评价指标应含义明确，并具有代表性，同时能客观地反映页岩气开发对水环境影响的基本特征。

（2）综合性原则

页岩气开发水环境影响因素较多，这些因素涉及学科较多、领域交叉、联系结构复杂，因此对评价指标的选取要考虑周全、统筹兼顾，并注重多因素的综合性分析，完成指标体系的综合评价。

（3）定性与定量原则

页岩气开发水环境影响指标较多，有定性的指标也有定量的指标，应尽量选取定量指标，不能定量的重要指标采用定性的指标，定性与定量指标要充分结合。

（4）空间性原则

我国页岩气储藏资源分布范围较广，不同的页岩气储藏区域不仅地质开发条件具有异质性，各地区的政策及相关的支撑系统也存在很大差异，因此在构建评价指标体系时应根据地域的不同特征做出相应的调整。同时对于区域页岩气开发水环境承载力的分析，需要对区域的地理边界、空间水域分布和边界、页岩气井的分布情况、人口的分布情况、区域产业类别和分布情况等相关空间边界信息进行界定。

4.1.2　页岩气开发水环境承载力评价指标

4.1.2.1　页岩气开发水环境负荷指标

由页岩气开发水环境影响因素可知，页岩气开发引起的水污染主要为钻井废水、洗井废水、压裂废水、压裂返排液和生活污水等对水环境的影响。基于《环境影响评价技术导则　石油化工建设项目》（HJ/T 89—2003）和现场调研分析，得出了页岩气开发产生的水环境污染因子为钻井废水与压裂废水中的化学添加剂、pH、SS、石油类、COD、Cl^- 和硫化物等；洗井废水中的 pH、SS、石油类和 COD 等；返排液中的压裂液中化学添加剂、烃类化合物、含氯化物和碳酸盐以及辐射性物质；洗井废水中的 pH、SS、石油类、COD 和 Cl^-；生活污水、雨污水和检修废水中包含的COD、TDS、石油类、Cl^-、BOD_5、NH_3-N和悬浮物等[17]。另外，在进行水环境负荷分析时，应考虑其他工业、农业以及人口在研究区的污染因子排放量。

4.1.2.2 页岩气开发水环境承载力指标

由前文对水环境承载力的定义可知，水环境承载力是指一定区域范围内、一定时间段内、一定状态下水环境系统对人类活动的支撑能力。而水环境对页岩气开发的支撑能力应从当前国家水环境质量标准、研究区水环境容量和水环境自净能力三方面考虑。

（1）水环境质量标准

与水环境承载力密切相关的是水环境质量标准，该标准是为保护人类健康、社会物质财富和维持生态平衡，对一定空间和时间范围的水环境中有害物质的种类和浓度所作的规定。显然，水环境对污染物的容纳能力是相对于水环境质量标准而言的。一般情况下执行的标准不同，确定出的该环境容纳污染物能力的大小也不同，因此在确定水环境承载力时，必须以相应的环境质量标准为依据。

（2）水环境容量

环境容量是环境科学的基本理论问题之一，也是环境管理中重要的实际应用问题。在实践中，环境容量是环境目标管理的基本依据，是环境规划的主要约束条件，也是污染物总量控制的关键技术[31]。它反映了水环境在自我维持、自我调节的能力和在保证水环境功能可持续正常发挥的条件下，水环境所能容纳污染物的量。水环境容量的差异，直接导致水环境承载力的不同。

（3）水环境自净能力

水环境自净能力是指水体接纳污染物之后，因水环境的物理、化学、物理化学、生物化学特性，使污染物迁移、扩散、分解、沉降，或者在水体内迁移转化，使水体水质得到部分甚至完全恢复的能力。水环境的这种自净能力是水环境具有自我维持、自我调节和抵抗各种压力与扰动能力的根本所在，是水环境承载力具有弹性力的内在原因。

4.1.3 页岩气开发水环境承载力评价指标体系

页岩气开发水环境承载力评价指标体系是在分析页岩气开发与研究区水环境之间关系的基础上进行优化选择的，通过对页岩气开发水环境负荷、其他行业对水环境的负荷和研究区水环境承载力等的研究，揭示页岩气开发水环境承载力评价构成要素，分析各种要素之间的相互关系，构建多层次复合要素的水环境承载力综合指标体系。该指标体系包括区域水环境承载力指数指标、区域水环境压力指数指标和页岩气开发水环境压力指数指标等。研究各类指标之间的相关性及贡献率，采用标准化公式对承载力评价指标进行标准化处理。通过层次分析法计算各指标在水环境承载力评估综合指数中的权重，对各指标进行简化、优化，选择影响较大的、特征性的关键指标，并建立各指标的分级标准，确定页岩气开发水环境承载力评价指标体系，为建立评估模型奠定基础。

页岩气开发水环境承载力评价指标包括区域水环境承载力指标（J_1）、区域水环境压力指标（J_2）和页岩气开发水环境压力指标（J_3）。

4.1.3.1　区域水环境承载力指标

区域水环境承载力指标（J_1）包括当前水功能区水质达标率（E_1）、集中式饮用水水源地水质达标率（E_2）、水体规模（E_3）和水环境容量承载率（E_4），见表 4-1。

表 4-1　区域水环境承载力指标说明

评价指标	单位	说明
水功能区水质达标率（E_1）	%	水功能区是指政府部门为了保障水体的使用功能而划定的区域，区域内的水体水质必须要达到相应的分类标准。该指标主要反映了页岩气开发区的水环境质量概况，主要数据来源于研究区水资源公报
集中式饮用水水源地水质达标率（E_2）[31]	%	是指向城市市区提供饮用水的集中式水源地，达标水量占总取水量的百分比。该指标主要反映了页岩气开发区的水环境质量概况，主要数据来源于研究区水资源公报
水体规模（E_3）	—	研究区内受纳水体规模越小，水质要求越高则对外界影响的承受能力越小，相应的评估越严格。其中流域河口，按建设项目排污口附近河段的多年平均流量和平水期平均流量划分；湖泊和水库，按枯水期或水库的平均水深及水面面积划分
水环境容量承载率（E_4）	%	反映了研究区水环境纳污能力与人类活动排污量的关系，其计算公式为水环境容量承载率 = 人类活动排污量 / 水环境纳污能力，数值越大代表人类活动产生的污染物对周边水环境影响越大

4.1.3.2　区域水环境压力指标

区域水环境压力指标（J_2）包括单位工业产值污染物废水排放量（E_5）、单位 GDP 废水排放量（E_6）、工业废水排放达标率（E_7）和城市污水处理率（E_8），见表 4-2。

表 4-2 区域水环境压力指标说明

评价指标	单位	说明
单位工业产值污染物废水排放量（E_5）[32]	m^3	表征工业废水排放对研究区域水环境的负荷压力
单位 GDP 废水排放量（E_6）[24]	m^3	表征生活废水排放对研究区域水环境的负荷压力
工业废水排放达标率（E_7）*	%	区域内影响水环境的主要因素为工业废水的排放量，而工业废水排放达标率则间接影响了工业项目给研究区内水环境造成的负荷的大小
城市污水处理率（E_8）*	%	工业废水与生活废水需要经过污水处理厂环保设施处理才能排入水环境中，城市污水处理率间接决定了区域人类活动对水环境的影响程度

注：* 处依据《国家节水型城市考核标准》计算。

1）单位工业产值污染物废水排放量（E_5）

$$E_5 = \frac{F_1}{F_2} \tag{4-1}$$

式中，F_1——工业废水排放量；

F_2——工业产值。

2）单位 GDP 废水排放量（E_6）

$$E_6 = \frac{F_3}{F_4} \tag{4-2}$$

式中，F_3——每年生活污水排放量；

F_4——研究区 GDP。

3）工业废水排放达标率（E_7）

$$E_7 = \frac{F_5}{F_6} \times 100\% \tag{4-3}$$

式中，F_5——废水中各项污染物指标都达到国家或地区排放标准的外排工业废水量；

F_6——工业废水排放总量。

4）城市污水处理率（E_8）

$$E_8 = \frac{F_7}{F_8} \times 100\% \tag{4-4}$$

式中，F_7——经管网进入污水处理厂处理的城市污水量；

F_8——经过企业厂区所有排放口排到企业外部的工业废水量。

4.1.3.3　页岩气开发水环境压力指标

页岩气开发水环境压力指标（J_3）包括页岩气开发单井污水排放量（E_9）、污水排放浓度（E_{10}）和压裂返排液的回用率（E_{11}），见表 4-3。

表 4-3　页岩气开发水环境压力指标说明

评价指标	单位	说明
页岩气开发单井污水排放量（E_9）	m^3	页岩气开发周期内单井排放污水量，数据来源于研究区项目环评资料
污水排放浓度（E_{10}）	mg/L	主要指页岩气开发过程中排放污水中的石油类、COD 和氨氮等污染因子的排放浓度，数据来源于研究区项目环评资料
压裂返排液的回用率（E_{11}）[17]	%	根据页岩气开发工艺可知，压裂作业过程中，部分压裂返排液会通过过滤以及相关处理装置净化过滤后送入清水池，用于下一口井的水力压裂，确保压裂液的循环使用。因此，页岩气整体开发周期中压裂返排液的回用率可以影响项目的废水排放总量，应作为本次水环境负荷评估指标

4.1.4　页岩气开发水环境承载力评价模型

水环境承载力是一个地区持续发展过程中资源环境承载力的重要组成部分，且往往是缺水地区制约人类社会发展的瓶颈，是决定人类经济社会发展速度和规模的重要因素。水环境承载力评价的主要目的是判断区域经济社会活动对水环境的压力是否超过承载力水平。水环境承载力评价的基本内容包括压力计算、承载力计算和承载力评估三个方面。其中水环境容量——水体所能容纳的污染物的量或自身调节净化并保持生态平衡的能力，对优化资源与环境配置、协调区域经济社会发展与资源环境的关系、实现区域可持续发展具有重要的现实意义。因此，分析页岩气开发区中社会经济、人类活动、页岩气发展和水环境支撑力的发展关系，首先需要确定研究区的水环境纳污能力。若水环境无容量，则判定研究区水环境承载力超载，不建议进行页岩气开发向当地环境排放污水。若水环境存在容量，则结合页岩气开发水环境负荷影响因素以及纳污水体的水环境支撑能力，从水环境容量、人类活动废水排放和承载目标三方面确定水环境承载力评价指标，建立页岩气开发水环境承载力评价指标体系。同时，以“压力—支持力”为核心，采用“模糊—层次分析法”对相关指标进行赋权重和量化分析，完成页岩气开发水环境负荷与环境承载力评估模型构建，其模型框架见图 4-1。

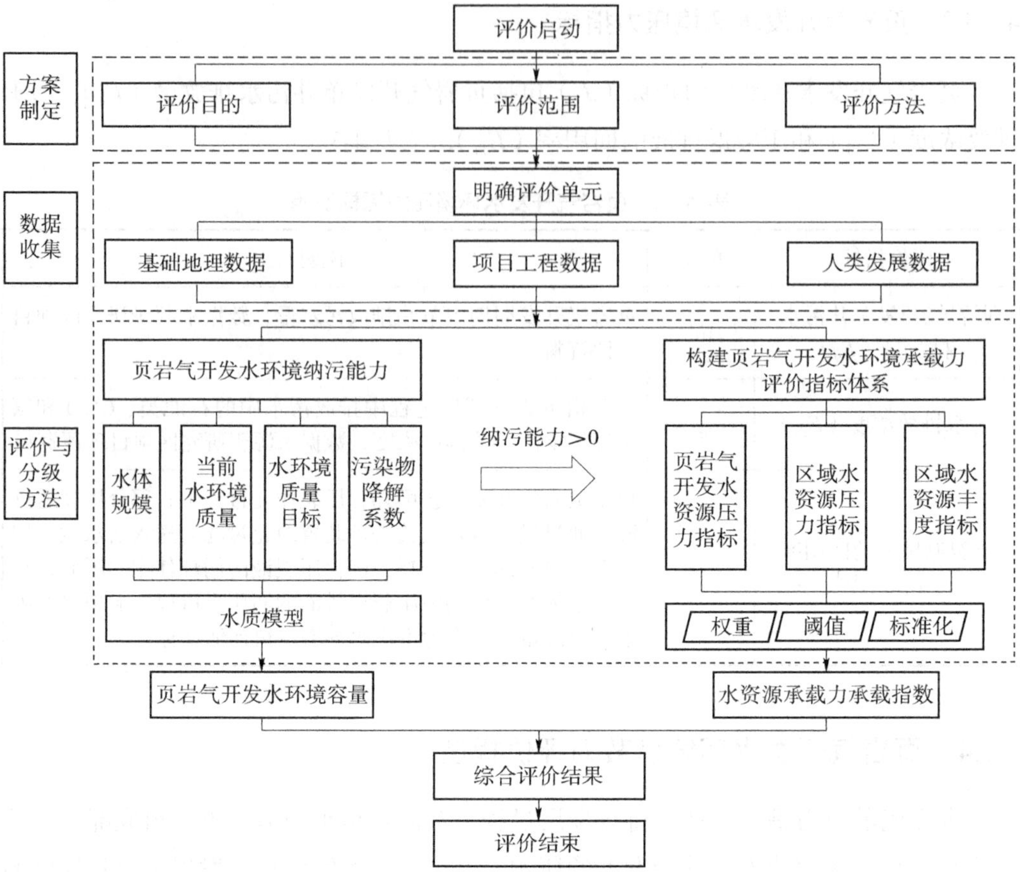

图 4-1　页岩气开发水环境负荷与环境承载力评估模型框架

4.1.5　页岩气开发水环境承载力评价方法

4.1.5.1　确定评价指标权重

依据前文介绍的“模糊—层次分析法”，确定各层因子指标的权重计算结果见表 4-4。

表 4-4　页岩气开发水环境负荷与环境承载力评价指标权重

区域水环境承载力指标（J_1）		区域水环境压力指标（J_2）		页岩气开发水环境压力指标（J_3）	
指标	推荐权重	指标	推荐权重	指标	推荐权重
E_1	0.09	E_5	0.07	E_9	0.09
E_2	0.08	E_6	0.06	E_{10}	0.09
E_3	0.11	E_7	0.06	E_{11}	0.07
E_4	0.22	E_8	0.06	—	—

4.1.5.2　页岩气开发水环境承载力评价指标分级

4.1.5.2.1　区域水环境承载力指标评分

区域水环境承载力指标评分见表 4-5。

表 4-5　区域水环境承载力指标评分

指标名称	指标值		推荐评分值
水功能区水质达标率（E_1）	75%～100%		7～10
	60%～75%		4～7
	0～60%		0～4
集中式饮用水水源地水质达标率（E_2）[31]	80%～100%		9～10
	60%～80%		7～9
	40%～60%		5～7
	20%～40%		3～5
	＜20%		1～3
水体规模（E_3）	大河	≥150 m^3/s	7～10
	中河	15～150 m^3/s	3～7
	小河	＜15 m^3/s	1～3
水环境容量承载率（E_4）	0～1		1～0

4.1.5.2.2　区域水环境压力指标

区域水环境压力指标评分见表 4-6。

表 4-6　区域水环境压力指标评分

指标名称	指标值	推荐评分值
单位工业产值污染物废水排放量（E_5）[32]	0～0.5 kg/（10^4·元）	1～3
	0.5～2 kg/（10^4·元）	3～7
	≥2 kg/（10^4·元）	7～10
万元 GDP 废水排放量（E_6）[24]	0～10 t/（10^4·元）	1～3
	10～20 t/（10^4·元）	3～7
	≥20 t/（10^4·元）	7～10
工业废水排放达标率（E_7）*	≥80%	1
	75%～80%	1～4
	70%～75%	4～7
	65%～70%	7～10
	0～65%	10

续表

指标名称	指标值	推荐评分值
城市污水处理率（E_8）[27]	90%～100%	1～3
	70%～90%	3～7
	0～70%	7～10

注：* 处依据《国家节水型城市考核标准》计算。

4.1.5.2.3 页岩气开发水环境压力指标评分

页岩气开发水环境压力指标评分见表 4-7。

表 4-7 页岩气开发水环境压力指标评分

指标名称	指标值	推荐评分值
页岩气开发单井污水排放量（E_9）	≥20 000 m^3/d	7～10
	200～20 000 m^3/d	3～7
	≤200 m^3/d	1～3
污水排放浓度（E_{10}）	Ⅰ	1～3
	Ⅱ	3～5
	Ⅲ	5～7
	Ⅳ	7～9
	Ⅴ	9～10
压裂返排液的回用率（E_{11}）[17]	85%～100%	1～10（以实际回用率等比评分）

根据前文可知，水环境承载力指数是反映水环境社会经济系统承载状态的指标，它是水环境系统（承载力的支持系统）与其所承载的社会、经济及生态环境系统（承载力的压力系统）相互比较的结果。

（1）支持力指数

水环境支持力的主要影响因素是水资源子系统中的各个指标，将区域水环境承载力指数（J_1）系统中的各指标评价值求和，得出支持力指数 $CCS_{水环境}$，则 $CCS_{水环境}$为

$$CCS_{水环境}=\sum_{j=1}^{5} Z_{J_1} \tag{4-5}$$

（2）压力指数

水环境压力的影响因素主要为页岩气开发水环境压力指数（J_3）和区域水环境压力指数（J_2）两个子系统中的指标，将其中各指标评价值求和，得出压力指数 $CCP_{水环境}$，则 $CCP_{水环境}$为

$$CCP_{水环境}=\sum_{j=5}^{8} Z_{J_2}+\sum_{j=9}^{11} Z_{J_3} \tag{4-6}$$

（3）水环境承载力指数

水环境承载力指数反映了压力和本身支持力的相对关系，即

$$CCI_{水环境}=\frac{CCP_{水环境}}{CCS_{水环境}} \tag{4-7}$$

承载力指数反映了水环境的承载状况。当 $CCI_{水环境}>1$ 时，水环境的压力 $CCP_{水环境}$ 大于支持力 $CCS_{水环境}$，说明水环境系统超载；当 $CCI_{水环境}=1$，水环境的压力 $CCP_{水环境}$ 等于支持力 $CCS_{水环境}$，水环境承载力达到最大承载能力；当 $CCI_{水环境}<1$，表示压力小于支持力；为了保证页岩气开发的可持续发展，应保证水环境的压力不超过支持力，即承载力指数 $CCI_{水环境}$ 应小于等于 1，见表 4-8。

表 4-8　页岩气开发水环境承载力评估结果分级

序号	承载关系		分级
1	超载	$CCI_{水环境}>1$	Ⅰ
2	平衡	$CCI_{水环境}=1$	Ⅱ
3	承载	$CCI_{水环境}<1$	Ⅲ

4.2　页岩气开发水环境承载力量化研究

根据页岩气开发水环境承载力的内涵可知，水环境承载力为一定区域范围内、一定时间段内、一定状态下水环境系统对人类活动的支撑能力，即研究区域内地表水环境容量能够承载的页岩气开采规模。

4.2.1　水环境容量

水环境容量主要取决于三个要素：水资源量、水环境目标和排污量。从某种意义上讲，水资源量是判断水环境容量的基础；水环境目标体现了人们对水环境质量的需求，相同条件下，拟定的标准越严格，环境容量也就越小。水环境容量既反映流域的自然属性（河道形态、水文特征），同时反映人类对环境的需求（水质目标），将随着水环境条件的变化和人们对环境需求的提高而不断变化[33]。

水环境容量计算分为以下几种类型。

理想水环境容量：即以水域的原始本底值或清洁本底值与环境标准对照，通过水质模拟计算得出，用于反映水质达标情形下水域的自然纳污能力，这种水环境容

量是水域环境容量的最大值。

剩余环境容量：理想环境容量扣除各控制单元点源、非点源入河量，得到剩余水环境容量。

（1）选择控制点（或边界）：根据水环境功能区划和水域内的水质敏感点位置进行分析，确定水质控制断面的位置和污染物浓度控制标准。如存在污染混合区，则需根据环境管理的要求确定污染混合区的控制边界。

（2）建立水质模型（选择零维、一维或二维水质模型）并确定模型所需的各项参数：对每个水环境功能区，可根据其空间形态、水文、水质特征选择合适的水环境容量计算模型。本书选择环境规划院设计的全国地表水环境容量测算水质模型进行容量计算。

该模型为河流一维水质模型，即

$$C = C_0 \cdot \mathrm{e}\frac{-kx}{u} \tag{4-8}$$

式中，u——河流断面平均流速，km/d；

x——沿程距离，km；

k——综合降解系数，d^{-1}；

C——沿程污染物浓度，mg/L；

C_0——前一个节点后污染物浓度，mg/L。

（3）容量计算分析：应用设计水文条件和上下游水质限制条件进行水质模型计算，利用试算法（根据经验调整污染负荷分布反复试算，直到水域环境功能区达标为止）或建立线性规划模型（建立优化的约束条件方程）等方法确定水域的水环境容量。

①河道概化

河流一维水质模型由河段和节点两部分组成，节点指河流上排污口、取水口、干支流汇合口等造成河道流量发生突变的点，水量与污染物在节点前后满足物质平衡规律（忽略混合过程中物质变化的化学和生物影响）。河段指河流被节点分成的若干段，每个河段内污染物的自净符合一阶反应规律见图 4-2。

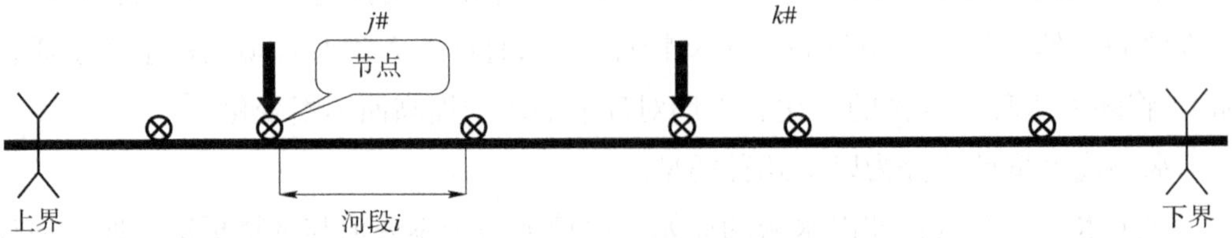

图 4-2　河流一维模型概化示意

如图 4-2 所示，假定功能区内有 i 个节点，则将河流分成 i+1 个河段。在节点处，要利用节点均匀混合模型进行节点前后的物质守恒分析，确定节点后的河段流量和污染物浓度。节点后的河段要以节点平衡后的流量和污染物浓度为初始条件，按照一维降解规律计算到下一个节点前的污染物浓度。

②节点平衡

考虑干流、支流、取水口、排污口均在同一节点的最复杂情况，水量平衡方程为

$$Q_{干流混合后}=Q_{干流混合前}+Q_{支流}+Q_{排污口}-Q_{取水口} \tag{4-9}$$

忽略混合过程的不均匀性，污染物平衡方程为

$$C_{干流混合后}=\frac{C_{干流混合前}\times Q_{干流混合前}+C_{支流}\times Q_{支流}+C_{排污口}\times Q_{排污口}-C_{取水口}\times Q_{取水口}}{Q_{干流混合前}+Q_{支流}+Q_{排污口}-Q_{取水口}} \tag{4-10}$$

③容量计算

将节点浓度计算公式 $C=C_i+\dfrac{W_i/31.54}{Q_i+Q_j}$ 代入方程，得到一维模型水环境容量的计算公式为

$$W_i=31.54\times(C\times e^{kx/86.4\times u}-C_i)\times(Q_i+Q_j) \tag{4-11}$$

式中，W_i——第 i 个排污口允许排放量，t/a；

C_i——河段第 i 个节点处的水质本底浓度，mg/L；

C——沿程浓度，mg/L；

Q_i——河道第 i 个节点后流量，m^3/s；

Q_j——第 j 个节点处废水入河量，m^3/s；

u——第 i 个河段的设计流速，m/s；

x——计算点到第 i 节点的距离，m。

若以下界处作为水功能区考核的控制断面，计算结果显示控制断面超过功能区划水质标准要求时，就要通过削减每一个排污口的排污量来重新计算、反复试算，当控制断面的模拟结果满足水质标准时，各个排污口的排污量之和，即 $W=\sum W_i$ 就是该功能区内的水环境容量值。

（4）实际水环境容量是在水容量计算分析基础上，以水环境容量计算值扣除非点源污染影响部分得到的实际环境管理可利用的水环境容量。

（5）页岩气开采规模：根据相关资料，页岩气开发产生的废水主要包括施工期的钻井废水、洗井废水、压裂废水和生活污水；运行期的井场、集气站、集气总站、脱水站产生的压裂返排液（气田水）、各站场值班人员产生的生活污水、各站场场地及设备冲洗废水、检修期间分离器、脱水装置、集气装置等装置处产生的压裂返排液；退役期的少量酸化洗井废水[34, 35]。通过实地调研可知，页岩气开发区，

每年允许单井排放 150 m^3 钻井废水，拉运至污水处理厂进行处理。因此通过计算研究区水环境容量和单井废水污染因子排放量，可得到页岩气可开采最大规模。

4.2.2 水环境承载指数

水环境承载指数是定量反映了水环境承载力的数值，主要从空间上和时间上反映研究区的水质达标情况，包括水质时间达标率和水质空间达标率。

（1）水质时间达标率（B_1）

反映评价区域内水质在时间尺度上的达标情况，是所有断面（点位）水质时间达标率的算术平均值。断面（点位）水质时间达标率是指在一年内不同时期水质达标次数占总监测次数的百分比。

（2）水质空间达标率（B_2）

反映评价区域内水质在空间尺度上的达标情况，为区域内年度达标断面（点位）个数占断面（点位）总个数的百分比。

（3）水环境承载力指数（S_c）

定量反映水环境承载力大小的数值，将评价指标代入水环境承载力指数公式计算获得，无量纲。

（4）评价方法

评价指标计算

①水质时间达标率（B_1）

$$B_1 = \frac{1}{n}\sum_{i=1}^{n} C_i \tag{4-12}$$

$$C_i = \frac{\text{断面（点位）达标次数}}{\text{评价年监测总次数}} \times 100\% \tag{4-13}$$

式中，n——区域内断面（点位）个数；

C_i——第 i 个断面（点位）水质时间达标率。

②水质空间达标率（B_2）

$$B_2 = \frac{\text{达标断面（点位）个数}}{\text{所有断面（点位）个数}} \times 100\% \tag{4-14}$$

达标断面（点位）指一年内不同时期水质监测数据的算术平均值不超过目标值的断面（点位），否则为不达标断面（点位）。

（5）承载力指数计算

$$S_c = \frac{B_1 + B_2}{2} \tag{4-15}$$

式中，S_c——水环境承载力指数；

B_1——水质时间达标率；

B_2——水质空间达标率。

（6）承载状态判定

水环境承载力指数越大，表明区域水环境系统对社会经济系统支持能力越强。根据评价区域水环境承载力指数大小，将评价结果划分为超载、临界超载、未超载三种类型。当 $S_c<70\%$ 时，判定该区域为超载状态；当 $70\%\leqslant S_c<90\%$ 时，判定该区域为临界超载状态；当 $S_c\geqslant 90\%$ 时，判定该区域为未超载状态。

4.3　页岩气开发水资源承载力和水环境承载力综合评价结果分级

页岩气开发水环境负荷与环境承载力评估结果需要综合考虑对水资源承载力和水环境承载力的评估。为简明、扼要、直观地体现页岩气开发对水资源和水环境的耦合影响，采用矩阵法将两者结合，确保对页岩气开发水环境负荷与水环境承载力的有效评估，具体分级结果见表 4-9。

表 4-9　页岩气开发水环境负荷与水环境承载力评估分级

页岩气开发水环境负荷与水环境承载力评估		页岩气开发水环境承载力评估		
		承载	平衡	超载
页岩气开发水资源承载力评估	承载	承载	承载	超载
	平衡	平衡	平衡	超载
	超载	超载	超载	超载

同时根据页岩气开发水资源与水环境承载力评估结果，划分红色、橙色、黄色、蓝色、绿色五级预警。其中红色代表开发区域严重超载不能进行页岩气开发；橙色代表潜力超载，若研究区内水环境或水资源系统能处理完善可以进行页岩气开发；黄色代表临界超载，可以进行页岩气开采，但已临近超载状态，需要做好水资源与水环境的保护措施，绿色与蓝色代表可以承载，应作为页岩气开发优先选择区域见表 4-10。

表 4-10　页岩气开发水环境负荷与环境承载力评估预警

页岩气开发水资源承载力评估	页岩气开发水环境承载力评估		
	承载	平衡	超载
承载	绿色	蓝色	橙色
平衡	蓝色	黄色	橙色
超载	橙色	橙色	红色

页岩气开发水环境负荷与环境承载力评估结果$CCI_{综合}$由页岩气开发水资源承载力评估结果$CCI_{水资源}$与页岩气开发水环境承载力评估结果$CCI_{水环境}$共同确定，这2个变量共计有9种状态，分别对应严重、重度、一般、较轻、轻度五个等级，见表4-11。

表4-11 页岩气开发水环境负荷与环境承载力评估风险

$CCI_{水资源}/CCI_{水环境}$	$CCI_{综合}$	$CCI_{水资源}/CCI_{水环境}$	$CCI_{综合}$	$CCI_{水资源}/CCI_{水环境}$	$CCI_{综合}$
承载/承载	轻度	平衡/平衡	一般	平衡/超载	重度
平衡/承载	较轻	承载/超载	重度	超载/平衡	重度
承载/平衡	较轻	超载/承载	重度	超载/超载	严重

4.4 基于水环境负荷与环境承载力的页岩气优先开发对策

通过开展页岩气开发水环境负荷与水环境承载力评估工作，将页岩气开发区水环境承载力的承载等级分成严重、重度、一般、较轻、轻度五个等级，对不同页岩气开发区水环境承载力情况提出相应的防控措施，指导页岩气的绿色开发，见表4-12。

表4-12 页岩气开发优先开发对策

序号	评估等级	评估状态	开发顺序说明
1	轻度	承载	该区域水资源和水环境承载力较强，应作为页岩气开发优先选择区域
2	较轻	平衡	该区域水环境或者水资源承载力两者，一个为临界状态，另一个为承载状态，可以开采页岩气，但已临近超载状态，需要做好水资源或水环境的保护措施
3	一般	平衡	该区域可以进行页岩气开采，但已临近超载状态，需要做好水资源与水环境的保护措施
4	重度	超载	该区域内水环境或水资源两者，一个为超载状态，另一个为临界状态。该承载状态不建议开采页岩气，需要对超载状态的承载力进行修复与完善
5	严重	严重超载	页岩气开发区水环境和水资源承载力均超载，不能进行页岩气开发

4.5 小结

（1）通过识别页岩气开发对水环境的影响因素，明确页岩气开发对水资源的影响主要与页岩气开发单口井的废水排量、页岩气开发废水排放浓度、返排液回用率、研究区水环境质量标准、水环境容量和水环境自净能力有关。基于“压力—支持力”核心思想，建立了页岩气开发水环境承载力评价指标体系，包括区域水环境承载力指标、区域水环境压力指标和页岩气开发水环境压力指标 3 个准则指标，水功能区水质达标率、集中式饮用水水源地水质达标率、水体规模、水环境容量承载率、单位工业产值废水排放量、单位 GDP 废水排放量、工业废水排放达标率、城市污水处理率、页岩气开发单井污水排放量、污水排放浓度、压裂返排液的回用率 11 个评价指标，采用模糊层次分析法确定权重，量化了评价结果分级，构建了页岩气开发水资源承载力评价模型。

（2）根据页岩气开发水环境承载力内涵，确定页岩气开发区水资源量、水环境目标和排污量，计算得出页岩气开发研究区的水环境纳污能力。同时，根据研究区页岩气排污量，明确研究区水环境容量，进而确定页岩气开发规模。

（3）综合考虑水资源承载力评估和水环境承载力评估，采用矩阵法完成页岩气开发水环境负荷与环境承载力有效评估，根据页岩气开发水资源与水环境承载力评估结果，将页岩气开发水环境综合承载力评估状态划分严重、重度、一般、较轻、轻度五个等级，从而对不同级别的页岩气开发区水环境承载力情况分别提出相应的防控措施，指导页岩气的绿色开发。

第5章

页岩气开发生态环境负荷与环境承载力研究

5.1 土地资源承载力

5.1.1 土地资源承载力研究现状

土地资源是人类赖以生存和发展的重要物质基础，在经济社会发展中所处的地位不言而喻。页岩气开发钻井和开采作业中道路和管道的铺设，水力压裂液清水池、返排液池等蓄水池的建设，以及压裂设备（压裂车等）的布置等，占用土地资源，虽多为临时性占地，但在运行期间也会给当地的生态环境带来一定的影响。在山区，大量土地资源被占用破坏，直接造成了野生植被破坏，影响野生动物的栖息环境。而大量地表植被被破坏直接导致开发区局部发生水土流失和泥石流灾害[36]。因此，需要开展研究区土地资源承载力评价指导页岩气的绿色开发。

《中国土地资源生产能力及人口承载力研究》，指出了限制我国粮食产量的因素和不同阶段我国土地所能生产的粮食量及所能供养的最大人口数量。土地承载力被定义为：在可预期的未来时段内，依据相应的经济、技术和社会发展水平以及与之相应的物质生活条件，一个国家或地区土地资源所能供养的人口数量。此后，不同专家学者基于自身研究对土地承载力的内涵进行了界定，但多数定义仍基于土地资源的人口承载力，即在一定的社会发展条件下，区域土地资源所能持续供养的人口数量。我国早期对于土地资源承载力的研究多是基于人—粮—地关系，主要是探讨区域耕地所能供养的最大人口数量，满足区域最低层次需求即实现土地的养育功能。目前大部分土地资源承载力方法主要基于构建土地资源承载力评价指标体系定量分析区域土地承载力大小，包括 P-S-R 模型等。P-S-R 模型基于资源、环境和社会经济均具有的压力、状态和响应特性，可以准确揭示土地资源利用过程中各参与要素之间的密切关系和变化情况，因而在各种不同类型的评价中被广泛应用[37]。本书主要依据自然资源部办公厅关于印发的《资源环境承载能力和国土空间开发适宜性评价指南（试行）》对页岩气研究区进行土地资源承载力评价。

5.1.2 页岩气开发土地资源承载力评价指标体系

以县（区）为单位开展的页岩气开发土地资源承载力评价，评判指标体系共分为目标层、系统层、要素层、指数层、指标层五级。其中，目标层为土地综合承载状态，为达到这一测度目标，依据页岩气开发建设用地压力状态、耕地开发压力状态两个准则分别构建指标体系。准则层又向下分为不同指标层，最终形成 2 个指数、4个具体指标的综合承载力指标体系，页岩气开发土地资源承载力评价，见表5-1。

表5-1 页岩气开发土地资源承载力评价指标体系

目标层	准则层		指标层	
页岩气开发土地资源承载力评价 A	B_1	页岩气开发建设用地压力状态指数	C_1	页岩气用地现状开发程度
			C_2	页岩气用地匹配程度
	B_2	耕地开发压力状态指数	C_3	人均耕地生产能力
			C_4	耕地开发利用程度

5.1.3 页岩气开发土地资源承载力评价方法

5.1.3.1 页岩气开发建设用地压力状态指数

（1）页岩气用地现状开发程度

页岩气用地现状开发程度是用来表征适宜页岩气开发的土地中已开发为建设用地的比例的，其计算公式如式（5-1）所示。

$$C_1 = \frac{D_1}{D_2} \tag{5-1}$$

$$D_1 = \frac{E_1}{E_3} \tag{5-2}$$

$$D_2 = \frac{E_2}{E_3} \tag{5-3}$$

式中，C_1——页岩气用地现状开发程度；

D_1——现状开发强度；

D_2——极限开发强度；

E_1——页岩气开发现状建设用地总面积；

E_2——页岩气适宜建设区面积；

E_3——评价区域土地总面积。

（2）页岩气用地布局匹配度

现状建设用地布局匹配度用于表征页岩气现状建设用地布局与适宜评价结果空间匹配的情况，计算如式（5-4）所示。

$$C_2 = \frac{E_4}{E_1} \tag{5-4}$$

式中，C_2——页岩气现状建设用地布局匹配度；

E_4——页岩气现状建设用地中位于适宜开发内的面积；

E_1——页岩气开发现状建设用地总面积。

（3）页岩气开发建设用地压力状态指数

结合页岩气开发目标，将土地利用总体规划中确定的建设用地目标数作为建设开发程度阈值。综合考虑 C_1 和 C_2 两项指标与建设开发程度阈值之间的关系，通过偏离度计算确定建设用地压力状态指数，计算如式（5-5）所示。

$$B_1 = \frac{C_1}{1 - C_1 \cdot (1 - C_2)} \tag{5-5}$$

式中，B_1——建设用地压力状态指数。

根据相关技术规定，当 $B_1>0$ 时，建设开发压力大，为超载；当 $B_1=0$ 时，建设开发状态为临界；当 $B_1<0$ 时，建设开发压力小，为可载。

5.1.3.2　耕地开发压力状态指数

以耕地后备资源调查、耕地质量等级划分、农地产能测算相关成果为基础评价资料，对耕地开发进行压力状态指数测算，方法如下。

（1）人均耕地生产能力

根据区域耕地质量等级划分成果，结合区域内人口规模，测算人均耕地生产能力，计算如式（5-6）所示。

$$C_3 = \frac{D_3 \cdot D_4}{D_5} \tag{5-6}$$

式中，C_3——人均耕地生产能力；

D_3——研究区耕地面积；

D_4——研究区耕地对应的粮食生产当量；

D_5——评价区常住人口。

（2）耕地开发利用程度

分析现状耕地与耕地后备资源之间的关系，并计算区域现状耕地开发程度。计算如式（5-7）所示。

$$C_4 = \frac{D_3}{D_3 + D_6} \tag{5-7}$$

式中，C_4——耕地开发利用程度；

D_3——研究区耕地面积；

D_6——耕地后备资源面积。

（3）耕地开发压力状态指数测算

结合研究区特点，基于专家打分确定人均耕地生产能力阈值。通过对比分析实际值与阈值之间的关系，测算耕地开发压力状态指数。

$$B_2 = \frac{C_3 - Q}{Q} \cdot C_4 \tag{5-8}$$

式中，B_2——耕地开发压力状态指数；

Q——人均耕地生产能力阈值。

耕地开发压力状态指数 B_2＞0 时，耕地开发利用为可载；B_2=0 时，耕地开发利用为临界；B_2＜0 时，耕地开发利用为超载。

（4）页岩气开发土地资源承载力基础状态初步判断

页岩气建设用地开发程度与耕地开发利用程度有一项超载，或者两者均为临界即判定为页岩气开发土地资源承载力基础状态为超载；两者有一项为临界，另一项为可载即判定为页岩气开发土地资源承载力基础状态为临界[38]；其他情况页岩气开发土地资源承载力基础状态为可载。

5.2 生态环境状况评价

页岩气开发生态环境状况评价利用一个综合指数——生态环境状况指数（*EI*）反映区域生态环境的整体状态，指标体系包括生物丰度指数、植被覆盖指数、水网密度指数、土地胁迫指数、污染负荷指数 5 个分指数和 1 个环境限制指数，5 个分指数分别反映被评价区域内生物的丰度、植被覆盖程度、水的丰富程度、遭受的胁迫强度、承载的污染物压力。环境限制指数是约束性指标[39]，指根据区域内出现的严重影响人类生产生活安全的生态破坏和环境污染事项对生态环境状况进行限制和调节。

5.2.1 生态环境状况评价方法

5.2.1.1 权重

各项评价指标的权重见表 5-2。

表 5-2 各项评价指标权重

指标	生物丰度指数	植被覆盖指数	水网密度指数	土地胁迫指数	污染负荷指数	环境限制指数
权重	0.35	0.25	0.15	0.15	0.10	约束性指标

5.2.1.2　生态环境状况指数计算方法

生态环境状况指数（EI）=0.35 × 生物丰度指数 +0.25 × 植被覆盖指数 +0.15 × 水网密度指数 +0.15 ×（100－土地胁迫指数）+0.10 ×（100－污染负荷指数）+ 环境限制指数　（5-9）

（1）生物丰度指数计算方法

①计算方法

$$生物丰度指数 = (BI+HQ)/2 \tag{5-10}$$

式中，BI——生物多样性指数，评价方法执行标准 HJ 623—2011；

HQ——生境质量指数，当生物多样性指数没有动态更新数据时，生物丰度指数变化等于生境质量指数的变化。

②生境质量指数计算方法

生境质量指数中各生境类型的分权重，见表 5-3。

生境质量指数 =A_{bio} ×（0.35 × 林地面积 +0.21 × 草地面积 +0.28 × 水域湿地面积 +0.11 × 耕地面积 +0.04 × 建设用地面积 +0.01 × 未利用地面积）/ 区域面积

式中，A_{bio}——生境质量指数的归一化系数，参考值为 511.264 213 106 7。

（2）植被覆盖指数计算方法

$$植被覆盖指数 = NDVI_{区域均值} = A_{veg} \times \left(\frac{\sum_{i=1}^{n} P_i}{n} \right) \tag{5-11}$$

式中，P_i——5—9 月象元 NDVI 月最大值的均值，建议采用 MOD13 的 NDVI 数据（空间分辨率 250m）或者分辨率和光谱特征类似的遥感影像产品；

n——区域象元数；

A_{veg}——植被覆盖指数的归一化系数，参考值为 0.012 116 512 4。

（3）水网密度指数计算方法

① 计算方法

水网密度指数 =（A_{riv} × 河流长度 / 区域面积 +A_{lak} × 水域面积（湖泊、水库、河渠和近海）/ 区域面积 +A_{res} × 水资源量 */ 区域面积）/3　（5-12）

式中，A_{riv}——河流长度的归一化系数，参考值为 84.370 408 398 1；

A_{lak}——水域面积的归一化系数，参考值为 591.790 864 200 5；

A_{res}——水资源量的归一化系数，参考值为 86.386 954 828 1。

表 5-3　生境质量指数各生境类型分权重

	林地			草地			水域湿地				耕地		建设用地			未利用地					
权重	0.35			0.21			0.28				0.11		0.04			0.01					
结构类型	有林地	灌木林地	疏林地和其他林地	高覆盖度草地	中覆盖度草地	低覆盖度草地	河流（渠）	湖泊（库）	滩涂湿地	永久性冰川雪地	水田	旱地	城镇建设用地	农村居民点	其他建设用地	沙地	盐碱地	裸土地	裸岩石砾	其他未利用地
分权	0.60	0.25	0.15	0.60	0.30	0.10	0.10	0.30	0.50	0.10	0.60	0.40	0.30	0.40	0.30	0.20	0.30	0.20	0.20	0.10

②水资源量计算方法

$$水资源量^{*}=\begin{cases} 水资源量 & \dfrac{水资源量}{水资源量_{年平均值}}\leqslant 1.4 \\ 水资源量_{年平均值}\times\left(2.4-\dfrac{水资源量}{水资源量_{年平均值}}\right) & 1.4<\dfrac{水资源量}{水资源量_{年平均值}}<2.4 \\ 0 & \dfrac{水资源量}{水资源量_{年平均值}}\geqslant 2.4 \end{cases} \quad (5\text{-}13)$$

（4）土地胁迫指数计算方法

①权重

土地胁迫指数分权重见表 5-4。

表 5-4　土地胁迫指数分权重

类型	重度侵蚀	中度侵蚀	建设用地	其他土地胁迫
权重	0.4	0.2	0.2	0.2

②计算方法

土地胁迫指数 $=A_{ero}\times$（0.4× 重度侵蚀面积 +0.2× 中度侵蚀面积＋ 0.2× 建设用地面积 +0.2× 其他土地胁迫）/ 区域面积　（5-14）

式中，A_{ero}——土地胁迫指数的归一化系数，参考值为 236.043 567 794 8。

（5）污染负荷指数计算方法

①权重

污染负荷指数的分权重见表 5-5。

表 5-5　污染负荷指数分权重

类型	化学需氧量	氨氮	二氧化硫	烟（粉）尘	氮氧化物	固体废物	总氮等其他污染物[a]
权重	0.20	0.20	0.20	0.10	0.20	0.10	待定

注：（a）总氮等其他污染物的权重和归一化系数将根据污染物类型、特征和数据可获得性与其他污染负荷类型进行统一调整。

②计算方法

污染负荷指数＝ $0.20\times A_{COD}\times$ COD 排放量 / 区域年降水总量 $+0.20\times A_{NH_3}\times$ 氨氮排放量 / 区域年降水总量 $+0.20\times A_{SO_2}\times SO_2$ 排放量 / 区域面积 $+0.10\times A_{YFC}\times$ 烟（粉）尘排放量 / 区域面积 $+0.20\times A_{NO_x}\times$ 氮氧化物排放量 / 区域面积 $+0.10\times A_{SOL}\times$ 固体废物丢弃量 / 区域面积　（5-15）

式中，A_{COD}——COD 的归一化系数，参考值为 4.393 739 728 9；

A_{NH3}——氨氮的归一化系数，参考值为 40.176 475 498 6；

A_{SO_2}——SO_2 的归一化系数，参考值为 0.064 866 028 7；

A_{YFC}——烟（粉）尘的归一化系数，参考值 4.090 445 932 1；

A_{NO_x}——氮氧化物的归一化系数，参考值 0.510 304 927 8；

A_{SOL}——固体废物的归一化系数，参考值为 0.074 989 428 3。

（6）环境限制指数

环境限制指数是生态环境状况的约束性指标，指根据区域内出现的严重影响人类生产生活安全的生态破坏和环境污染事项，如重大生态破坏、环境污染和突发环境事件等，对生态环境状况类型进行限制和调节，见表 5-6。

表 5-6 环境限制指数约束内容

分类		约束内容	判断依据
突发环境事件	特大环境事件	生态环境不能为“优”和“良”，且生态环境质量级别降 1 级	按照《国家突发环境事件应急预案》，区域发生人为因素引发的特大、重大、较大或一般等级的突发环境事件，若评价区域发生一次以上突发环境事件，则以最严重等级为准
	重大环境事件		
	较大环境事件	生态环境级别降 1 级	
	一般环境事件		
生态破坏、环境污染	环境污染	存在生态环境部通报的环境污染或生态破坏事件，生态环境不能为“优”和“良”，且生态环境级别降 1 级；其他类型的环境污染或生态破坏事件，生态环境级别降 1 级	存在环境保护主管部门通报的或国家媒体报道的环境污染或生态破坏事件（包括公开的环境质量报告中的超标区域）
	生态破坏		
	生态环境违法案件	生态环境级别降 1 级	存在环境保护主管部门通报或挂牌督办的生态环境违法案件
	被纳入区域限批范围	生态环境级别降 1 级	被环境保护主管部门纳入区域限批的区域

5.2.2 生态环境状况分级

根据生态环境状况指数，将生态环境状况分为 5 级，即优、良、一般、较差和差，见表 5-7。

表 5-7　生态环境状况分级

级别	优	良	一般	较差	差
指数	$EI \geqslant 75$	$55 \leqslant EI < 75$	$35 \leqslant EI < 55$	$20 \leqslant EI < 35$	$EI < 20$
描述	植被覆盖度高，生物多样性丰富，生态系统稳定	植被覆盖度较高，生物多样性较丰富，适合人类生活	植被覆盖度中等，生物多样性一般，较适合人类生活，但有不适合人类生活的制约性因子出现	植被覆盖较差，严重干旱少雨，物种较少，存在着明显限制人类生活的因素	条件较恶劣，人类生活受到限制

5.2.3　生态环境状况变化分析

根据生态环境状况指数与基准值的变化情况，将生态环境质量变化幅度分为 4 级，即无明显变化、略有变化（好或差）、明显变化（好或差）、显著变化（好或差）。各分指数变化分级评价方法可参考生态环境状况变化度分级，见表 5-8。

表 5-8　生态环境状况变化度分级

级别	无明显变化	略微变化	明显变化	显著变化
变化值	$\lvert\Delta EI\rvert < 1$	$1 \leqslant \lvert\Delta EI\rvert < 3$	$3 \leqslant \lvert\Delta EI\rvert < 8$	$\lvert\Delta EI\rvert \geqslant 8$
描述	生态环境质量无明显变化	如果 $1 \leqslant \Delta EI < 3$，则生态环境质量略微变好；如果 $-1 \geqslant \Delta EI > -3$，则生态环境质量略微变差	如果 $3 \leqslant \Delta EI < 8$，则生态环境质量明显变好；如果 $-3 \geqslant \Delta EI > -8$，则生态环境质量明显变差；如果生态环境状况类型发生改变，则生态环境质量明显变化	如果 $\Delta EI \geqslant 8$，则生态环境质量显著变好；如果 $\Delta EI \leqslant -8$，则生态环境质量显著变差

如果生态环境状况指数呈现波动变化的特征，则该区域生态环境敏感，根据生态环境质量波动变化幅度，将生态环境变化状况分为稳定、波动、较大波动和剧烈波动，见表 5-9。

表 5-9　生态环境状况波动变化分级

级别	稳定	波动	较大波动	剧烈波动
变化值	$\lvert\Delta \mathrm{EI}\rvert < 1$	$1 \leqslant \lvert\Delta EI\rvert < 3$	$3 \leqslant \lvert\Delta EI\rvert < 8$	$\lvert\Delta EI\rvert \geqslant 8$
描述	生态环境质量状况稳定	如果 $\lvert\Delta EI\rvert \geqslant 1$，并且 ΔEI 在 $-3 \sim 3$ 波动变化，则生态环境状况呈现波动特征	如果 $\lvert\Delta EI\rvert \geqslant 3$，并且 $\Delta \mathrm{EI}$ 在 $-8 \sim 8$ 波动变化，则生态环境状况呈现较大波动特征	如果 $\lvert\Delta EI\rvert \geqslant 8$，并且 ΔEI 变化呈现正负波动特征，则生态环境状况剧烈波动

5.3 资源环境承载力评价

页岩气开发生态环境承载力评价指标体系是研究在页岩气开发与研究区生态环境之间的关系基础上进行优化选择的。根据定义，页岩气生态环境承载力的影响因素主要是生态环境标准、生态环境容量及人类的生活生产三类，要综合考虑页岩气开发资源与环境负荷，揭示页岩气开发生态环境承载力评价构成要素，分析各种要素之间的关系，构建由多层次复合要素构成的生态环境承载力综合指标体系，研究各类指标之间的相关性及贡献率，采用标准化公式对承载力评价指标进行标准化处理。通过模糊—层次分析法计算各指标相对于生态环境承载力评估综合指数的权重，对各指标进行简化优化，选择影响较大的、特征性较强的关键指标，并建立各指标的分级标准，确定页岩气开发生态环境承载力评价指标体系，为建立评估模型奠定基础。

5.3.1 评价指标体系构建原则

（1）科学性原则

指标体系的设计及评价指标的选择必须建立在科学的基础上，每个评价指标均应涵义明确，并具有代表性，同时能客观地反映页岩气开发对生态环境影响的基本特征。

（2）综合性原则

页岩气开发对生态环境产生影响的因素较多，这些因素涉及学科较多、领域交叉、联系结构复杂，因此对评价指标的选取要考虑周全、统筹兼顾，并注重对多因素的综合性分析，才能完成指标体系的综合评价。

（3）定性与定量原则

页岩气开发生态环境影响指标较多，有定性的指标也有定量的指标，应尽量选取定量指标，不能定量的重要指标采用定性的指标，定性指标与定量指标应充分结合。

（4）空间性原则

我国页岩气储藏资源分布范围较广，不同的页岩气储藏区域不仅地质开发条件具有异质性，各地区的政策及相关的支撑系统也存在很大差异，因此在构建评价指标体系时应根据地域的不同特征做出相应的调整。同时对于区域页岩气开发生态环境承载力的分析，需要明确对区域的地理边界、植被农田分布概况、页岩气井的分布情况、城镇村落的分布情况等相关空间边界信息的界定。

（5）动态性原则

页岩气开发的技术与周围生态环境系统是不断发展变化的，因此，指标体系的构建不仅需要考虑开发区域现状，也要考虑指标的发展，以反映页岩气开发环境的动态特性。

5.3.2　页岩气开发生态环境负荷与环境承载力评估模型

页岩气开采区生态承载力评价指标体系的目标层指标包括生态系统支持力和生态系统压力指标体系，其中生态系统支持力指标体系是由生态系统弹性力和资源—环境承载力指标体系构成。各准则层和指标层的指标需要结合页岩气开采对区域生态环境造成的影响进行选取[40, 41]。

5.3.2.1　评价指标体系

（1）生态系统弹性力指标体系

生态系统弹性力评价指标体系分为目标层、准则层和指标层。目标层是生态系统弹性力指标，主要是反映区域生态系统的自然潜在支持能力。准则层由气候、植被、土壤、地形地貌和水文项指标组成，见表 5-10。

表 5-10　生态系统弹性力指标体系

目标层	准则层	指标层
生态系统弹性力 S_1	气候 P_1	年平均降雨量 K_1
		年无霜期 K_2
		年干燥度 K_3
	植被 P_2	植被覆盖率 K_4
	土壤 P_3	土壤侵蚀模数 K_5
	地形地貌 P_4	平均海拔 K_6
		坡度 K_7

（2）资源—环境承载力评价指标体系

资源—环境承载力评价指标体系分为目标层、准则层和指标层。目标层是资源—环境承载力指标，主要是反映区域生态系统的资源供给和环境纳污能力。准则层分为资源承载力和环境承载力两大部分，资源承载力由土地资源、页岩气资源指标组成；环境承载力由土壤环境指标组成，见表 5-11。

表 5-11　资源—环境承载力评价指标体系

目标层	准则层		指标层
资源—环境承载力 S_2	资源承载力 P_5	土地资源	土地生产力（K_8）
			人均耕地面积（K_9）
		页岩气资源	页岩气地质储量（K_{10}）
			页岩气单井稳产量（K_{11}）
	环境承载力 P_6	土壤环境	生活垃圾消纳能力（K_{12}）
			工业废物消纳能力（K_{13}）

（3）生态系统压力评价指标体系

生态系统压力评价指标体系分为目标层、准则层和指标层。目标层是生态系统压力指标，主要反映区域生活水平和社经济发展状况。准则层由社会经济发展和页岩气开发压力 2 项指标组成，见表 5-12。

表 5-12　生态系统压力评价指标体系

目标层	准则层	指标层
生态系统压力 S_3	社会经济发展 P_7	人口自然增长率（K_{14}）
		工业生产总值增长率（K_{15}）
	页岩气开发压力 P_8	页岩气开发占地与农田总面积比值（K_{16}）
		钻井泥浆综合利用率（K_{17}）

5.3.2.2　综合评价分级

页岩气开发生态环境承载力评价指标标准化公式如下所示：

正向指标：

$$Y_{ij}=\frac{x_{ij}-\min x_{ij}}{\max x_{ij}-\min x_{ij}} \tag{5-16}$$

$$i=1,2,\cdots,m \quad j=1,2,\cdots,n$$

负向指标：

$$Y_{ij}=\frac{\max x_{ij}-x_{ij}}{\max x_{ij}-\min x_{ij}} \tag{5-17}$$

$$i=1,2,\cdots,m \quad j=1,2,\cdots,n$$

式中，X_{ij}——第 i 个研究区第 j 个指标的数值；

Y_{ij}——第 i 个研究区第 j 个指标标准化值；

关于 max 和 min 值的选取，首先以国家标准或目标值为准，若没有相应的标准，则可选取有关的参照值，或依据实际调查获取的数据、常规的经验值等选择。

（1）年平均降雨量 K_1

根据我国多年平均降雨量统计数据，我国年降雨量低值区主要分布在西北内陆地区，年降雨量为 100～200 mm；高值区主要分布在东南沿海、长江中下游地区，年降雨量为 1 000～2 000 mm。另外，根据植物对水分的需求，多数植物生长发育所需水量为 500～800 mm。所以，该指标标准化时，指标下限标准值选为 100 mm，上限标准值选为 800 mm，年平均降雨量值越高，区域生态系统弹性力越稳定。

（2）年无霜期 K_2

我国各地无霜期长短不同，根据数据统计，云南省南部、四川盆地以及台湾地区等无霜期均在 300 天以上，长江中下游地区为 250～275 天，华北地区为 175～225 天，东北北部、内蒙古、新疆北部等地区为 100～150 天。总的分布特点是南部无霜期相对较长，北部无霜期相对较短（青藏高原除外）。因此，该指标标准化时，指标下限标准值选为 100 天，上限标准值选为 300 天，年无霜期值越高，区域生态系统弹性力越稳定。

（3）年干燥度 K_3

根据干燥度与环境状况的关系，干燥度有如下分级（表 5-13），因此该指标标准化时，指标下限标准值选用 10，上限标准值选 30，干燥度值越高，区域生态系统弹性力越稳定。

表 5-13　干燥度指标标准化参照标准

气候类型	湿润	半湿润（半干旱）	严重干旱
干燥度	＞30	10～30	＜10
环境状况	气候湿润；河流常年有水，水量充足；植被类型为森林等	河流暂时性有水，流量中等，植被类型为草原	河流断流；农作物需要人工强制灌溉

（4）植被覆盖率 K_4

根据植被覆盖度划分标准（表 5-14），则该指标标准化时，指标下限标准值选用 10%，上限标准值选用 70%，植被覆盖度值越高，区域生态弹性力越稳定，页岩气开发区域内森林面积占总面积的比重，公式如下：

$$森林覆盖率 = \frac{页岩气开发区域内森林面积}{区域总面积} \times 100\% \qquad (5\text{-}18)$$

表 5-14　植被覆盖度指标标准化参照标准

类型	高度覆盖	中高覆盖度	中覆盖度	低覆盖度	极低覆盖度
覆盖度 %	＞70	50～70	30～50	10～30	＜10

（5）土壤侵蚀模数 K_5

衡量水土流失的重要指标是土壤侵蚀模数，水利局颁布的《土壤侵蚀分类分级标准》（SL 190—2007）中土壤水力侵蚀强度分级标准见表 5-15，根据研究区域土壤侵蚀容许侵蚀量，该指标标准化选取 50 t · k/a 为下限值，15 000 t · k/a 为上限值，土壤侵蚀模数与研究区域的生态环境承载力呈负相关。

表 5-15　土壤侵蚀模数指标标准化参照标准

侵蚀级别	微度侵蚀	轻度侵蚀	中度侵蚀	强度侵蚀	极强度侵蚀	剧烈侵蚀
平均侵蚀模数 /（t · k/a）	<50	500～2 500	2 500～5 000	5 000～8 000	8 000～15 000	＞15 000

（6）平均海拔 K_6

中国地势自西向东逐渐下降，按海拔分为三大地势：第一地势为西部青藏高原区，平均海拔在 4 000 m 以上，第二地势在青藏高原边缘以东和以北，是一系列宽广的高原和巨大的盆地，平均海拔为 1 000～2 000 m，第三地势在我国东部，主要是丘陵和平原分布区，平均海拔在 500 m 以下。该指标标准化时，指标下限标准值选取 500 m，上限标准值选取 4 000 m，平均海拔值越低，区域生态系统弹性力越稳定。

（7）坡度 K_7

参照我国测绘行业标准，根据坡度对种植业和水土流失的影响，进行如下划分（表 5-16），该指标标准化时，指标下限标准值选用平地值（2°），上限标准值选用陡坡地值（35°），坡度值越低，区域生态系统弹性力越稳定。

表 5-16　坡度指标标准化参照标准

坡度类型	平坦	起伏或倾斜	平坡	缓坡	陡坡	急陡坡
坡度 /（°）	＜2	2～7	7～15	15～25	25～35	＞35
种植及水土流失情况	适宜发展种植业，不发生明显侵蚀	适宜发展种植业，发生轻度土壤腐蚀	适宜发展果业，水土流失较严重	不适宜耕地，水土流失中等严重	不适宜耕种，水土流失严重	不适宜耕种，水土流失剧烈

（8）土地生产力 K_8

根据国家统计局数据，我国年平均粮食单产最高地区为上海市，单位面积产量达 7 514 kg/hm^2，年平均粮食单产最低地区为青海省，单位面积产量达 3 614.7 kg/hm^2，该指标标准化时，指标下限标准值选取 3 614.7 kg/hm^2，上限标准值选取 7 514 kg/hm^2，土地生产力值越高，区域资源—环境承载力越高。

（9）人均耕地面积 K_9

根据我国生活水平的基本标准：满足温饱的人均粮食量为 239.6 kg/ 人，我国 2012 年平均粮食单产量为 5 301.76 kg/hm^2，可推算出满足温饱的人均耕地面积为 0.045 hm^2/ 人，全国各地区人均耕地面积最高地区为黑龙江省，0.31 hm^2/ 人，该指标标准化时，指标下限标准值选取 0.045 hm^2/ 人，上限标准值选取 0.31 hm^2/ 人，人均耕地面积值越高，区域资源承载力越高。

（10）页岩气地质储量 K_{10}

页岩气地质储量规模分类标准如表 5-17 所示。则该指标标准化时，指标下限标准值选取 2.5×10^8 m^3，上限标准值选取 $2\ 500\times10^8$ m^3，页岩气地质储量值越高，区域资源—环境承载力越高。

表 5-17　页岩气地质储量指标标准化参照标准

分类	技术可采储量 /（10^8 m^3）
特大型	≥2 500
大型	250～2 500
中型	25～250
小型	2.5～25
特小型	≤2.5

（11）页岩气单井稳产量 K_{11}

页岩气井稳定日产量值越高，区域资源承载力越高，页岩气单井稳产量规模分类标准如表 5-18 所示。

表 5-18　页岩气单井平均产气量下限值

气藏埋深 /m	直井产气量 /（10^4 m^3/d）	水平井产气量 /（10^4 m^3/d）
≤500	0.05	0.5
500～1 000	0.1	1.0
1 000～2 000	0.3	2.0
2 000～3 000	0.5	4.0
≥3 000	1.0	6.0

（12）生活垃圾消纳能力 K_{12}

生活垃圾消纳能力，废物的消纳能力越大，土壤环境的现实承载力越小。

$$生活垃圾消纳能力 = 1 - 无害化处理率 \tag{5-19}$$

（13）工业废物消纳能力 K_{13}

工业废物消纳能力，废物的消纳能力越大，土壤环境的现实承载力越小。

$$\text{工业废物消纳能力} = 1 - \text{综合利用率} \tag{5-20}$$

（14）人口自然增长率 K_{14}

根据国家统计局数据，我国 2012 年平均人口自然增长率为 4.95%，其中黑龙江省最低，为 1.27%，新疆维吾尔自治区最高，为 10.84%。该指标标准化时，指标下限标准值选取 1.27%，上限标准值选取 10.84%，人口自然增长率值越高，区域生态系统压力越大。

（15）工业生产总值增长率 K_{15}

根据国家统计局数据，2013 年全国工业生产总值增长 7.6%，全国各地区工业生产总值增长率为 6.3%～13.7%。该指标标准化时，指标下限标准值选取 6.3%，上限标准值选取 13.7%，工业生产总值增长率值越高，区域生态系统压力越大。

（16）页岩气开发占地与农田总面积比值 K_{16}

页岩气开发对于井场周围的土地的永久占用和临时占用，包括所有的道路建设、平台和管道占地，以及生产过程中产出的污染物质对地表造成的破坏。该指标反映了页岩气开发对于区域土壤环境造成的压力。页岩气开发占地与农田总面积比值，上限值取 100%，下限值取 0。

（17）钻井泥浆综合利用率 K_{17}

钻井泥浆综合利用率：页岩气开发钻井过程中产生的废弃泥浆的量，包括水基泥浆和油基泥浆。该指标与生态系统压力呈负相关，指标实际值越大，生态环境压力越小。本书此项指标的上限值均取 1，下限值均为 0。

5.3.2.3 页岩气开发生态环境负荷与环境承载力指标权重

评价指标的权重确定方法很多，大体可分为两类：主观赋权法和客观赋权法。主观赋权法依靠决策者的专业知识和实践经验来判断各指标的相对重要程度并打分，据此确定各指标的权重。该方法虽然克服了传统 DRASTIC 模型中指标权重值固定不变的缺点，但由于不同专家的价值观和偏好的差异性，使得各指标权重的确定具有一定的主观随意性。客观赋权法通过指标本身的信息确定指标权重，避免了主观因素的干扰，但未考虑各指标对地下水脆弱性评价结果的贡献程度，以致评价结果可能会与研究区的实际情况不符。

层次分析法（AHP 法）是主观赋权法的一种，它以模糊聚类分析和模式识别为理论基础，基于专家评分确定。其主要思想是通过定性和定量分析将决策目标有关的影响因素分成目标层、准则层和指标层等层次，并实现系统决策的目的。但层次分析法在解决问题时存在着一些明显的不足，尤其是人为判断因素较多，导致主观性较强。为解决以上问题，人们在层次分析法中引入模糊一致矩阵，得到一种实用有效的模糊层次分析法（简称 FAHP）。模糊层次分析法是将模糊分析与层次分析法相互结合的方法，与普通层次分析法主要区别在于判断矩阵的模糊性。该方法对传统层次分析法存在的问题进行了改进，并提高了决策可靠性。因此，页岩气开发生态环境负荷与环境承载力指标权重选用模糊层次分析法确定，具体计算过程见 3.1.5.1 章节。根据模糊层次分析法确定页岩气开发生态环境负荷与环境承载力评价指标体系权重，见表 5-19。

表 5-19　页岩气开发生态环境负荷与环境承载力评价指标权重

<table>
<tr><th colspan="3">目标层</th><th colspan="2">准则层</th><th colspan="2">指标层</th><th rowspan="2">综合权重</th></tr>
<tr><th></th><th>名称</th><th>权重</th><th>名称</th><th>权重</th><th>名称</th><th>权重</th></tr>
<tr><td rowspan="12">生态系统支持力</td><td rowspan="7">生态系统弹性力</td><td rowspan="7">0.5</td><td rowspan="3">气候</td><td rowspan="3">0.276 4</td><td>年平均降雨量</td><td>0.378</td><td>0.052 239 6</td></tr>
<tr><td>年无霜期</td><td>0.289</td><td>0.039 939 8</td></tr>
<tr><td>年干燥度</td><td>0.333</td><td>0.046 020 6</td></tr>
<tr><td>植被</td><td>0.329 2</td><td>植被覆盖率</td><td>1</td><td>0.164 6</td></tr>
<tr><td>土壤</td><td>0.223 6</td><td>土壤侵蚀模数</td><td>1</td><td>0.111 8</td></tr>
<tr><td rowspan="2">地形地貌</td><td rowspan="2">0.170 8</td><td>平均海拔</td><td>0.45</td><td>0.038 43</td></tr>
<tr><td>坡度</td><td>0.55</td><td>0.046 97</td></tr>
<tr><td rowspan="6">资源环境承载力</td><td rowspan="6">0.5</td><td rowspan="2">土地资源因素</td><td rowspan="2">0.333</td><td>土地生产力</td><td>0.475</td><td>0.079 087 5</td></tr>
<tr><td>人均耕地面积</td><td>0.525</td><td>0.087 412 5</td></tr>
<tr><td rowspan="2">页岩气资源因素</td><td rowspan="2">0.367</td><td>页岩气地质储量</td><td>0.55</td><td>0.100 925</td></tr>
<tr><td>页岩气单井稳产量</td><td>0.45</td><td>0.082 575</td></tr>
<tr><td rowspan="2">土壤环境因素</td><td rowspan="2">0.3</td><td>工业废物消纳能力</td><td>0.45</td><td>0.067 5</td></tr>
<tr><td>生活垃圾消纳能力</td><td>0.55</td><td>0.082 5</td></tr>
<tr><td colspan="3" rowspan="4">生态系统压力</td><td rowspan="2">社会经济发展</td><td rowspan="2">0.5</td><td>人口自然增长率</td><td>0.525</td><td>0.262 5</td></tr>
<tr><td>工业生产总值增长率</td><td>0.475</td><td>0.237 5</td></tr>
<tr><td rowspan="2">页岩气开发压力</td><td rowspan="2">0.5</td><td>页岩气开发占地与农田总面积比值</td><td>0.525</td><td>0.262 5</td></tr>
<tr><td>钻井岩屑产量综合利用率</td><td>0.475</td><td>0.237 5</td></tr>
</table>

5.3.2.4　页岩气开发生态环境负荷与环境承载力综合指数法评估

（1）分类评价

生态系统弹性力指标（S_1）[41] 的计算公式为

$$S_1 = \sum_{i=1}^{n} G_i \cdot W_i \tag{5-21}$$

式中，G_i——生态系统弹性力指标组成要素标准化后的值；

W_i——生态系统弹性力组成 i 要素的权重值；

i——地形地貌、气候、土壤、地物覆被和水文要素。

资源—环境承载力指标（S_2）的计算公式为

$$S_2 = \sum_{l=1}^{n} H_l \cdot W_l \tag{5-22}$$

式中，H_l——资源—环境承载力指标组成要素 l 标准化后的值；

W_l——资源—环境组成要素 l 的权重值；

l——土地资源、水资源、页岩气资源、水环境、大气环境和土壤环境要素。

生态系统压力指标（S_3）的计算公式为

$$S_3 = \sum_{j=1}^{n} R_j \cdot W_j \tag{5-23}$$

式中，R_j——生态系统压力指标组成要素 j 标准化后的值；

W_j——生态系统压力组成要素 j 的权重值；

j——社会发展和经济发展要素。

生态系统承压度（U）的计算公式为

$$U = \frac{S_3}{S_1 + S_2} \tag{5-24}$$

式中，S_1 和 S_2——生态系统中支持力指标值；

S_3——生态系统压力指标值。

（2）评价结果分级

根据各指标计算的结果，可对页岩气开采区进行生态承载力综合评价。区域生态承载力评价等级划分标准见表 5-20 和表 5-21。

表 5-20　页岩气开采区生态承载力等级划分标准 1

评价指标	＜0.2	0.20～0.40	0.40～0.60	0.60～0.80	＞0.80
生态系统弹性力	不稳定	弱稳定	中等稳定	较稳定	很稳定
资源—环境承载力	弱承载	低承载	中等承载	较高承载	高承载

表 5-21　页岩气开采区生态承载力等级划分标准 2

评价指标	<0.2	0.20~0.40	0.40~0.60	0.60~0.80	>0.80
评价等级	Ⅰ	Ⅱ	Ⅲ	Ⅳ	Ⅴ
生态系统支持力	弱支持	低支持	中等支持	较高支持	高支持
生态系统压力	弱压	低压	中压	较高压	强压
评价状态	<1		1		>1
生态系统承压度	承载低负荷		承载与压力平衡		承载高负荷

5.4　小结

根据页岩气开发对生态环境影响分析，结合《资源环境承载能力和国土空间开发适宜性评价指南（试行）》，建立了基于页岩气开发建设用地压力状态指数和耕地开发压力状态指数的页岩气开发土地资源承载力评价方法。根据《环境影响评价技术导则 生态影响》（HJ 19—2011），建立页岩气开发区生态环境状况评价方法，分析研究区的生态环境背景值。以可持续发展理论、生态承载力理论、生态学理论为基础，结合页岩气开发区域环境影响特征，构建基于生态系统弹性力、资源—环境承载力、生态系统压力的适用于页岩气开发区域生态承载力研究的评价模型，提出综合评价的分级依据。依据评价模型，构建页岩气开发区域生态承载力评价的分级指标体系，并确定指标体系的量化方法。

第6章

威远井区平台综合示范应用

6.1　区域概况

6.1.1　地理位置

威远井区的威 202 井区和威 204 井区位于四川省内江市威远县、资中县、自贡市荣县境内。项目区地理位置及行政区划分别见表 6-1。

表 6-1　威 202 井区和威 204 井区行政区划情况

序号	市县	乡（镇）
1	内江市威远县	龙会镇
2		镇西镇
3		庆卫镇
4		高石镇
5		严陵镇
6		铺子湾镇
7		新店镇
8		界碑镇
9		靖和镇
10		东联镇
11	内江市市中区	朝阳镇
12		凌家镇
13	内江市资中县	宋家镇
14		陈家镇
15	自贡市荣县	高山镇

6.1.2　地形与地貌

威远县地势自西北向东南倾斜，西北高、东南低，低山、丘陵比例相当；东南冲沟曲折，流向多变；西北山岭连绵，沟壑纵横；东南平均海拔 300～400 m；西北平均海拔 500～800 m；大堡山海拔最高（海拔 902 m）；双河口海拔最低（海拔 277.6 m）。

资中县地处荣威穹窿西北翼尾端斜层地带，为平缓倾斜岩层，岩层倾角 2°～5°，地震基本裂度为 6°。受岩层影响，地形西南高，东及东北低。境内最高点（新桥镇杉树坳）海拔 739.8 m，最低点（银山镇沱江水面）海拔 298 m，山体相对高差小，约 439 m。地貌类型主要为丘陵（坪状深丘、浅丘中谷、缓丘宽谷），海拔 300～550 m，面积 1 478.96 km^2，占全县面积的 85%；低山窄谷，海拔 500～700 m，面积 255 km^2，占全县面积的 15%。

荣县境内地貌以丘陵为主，荣县境内地层区划属扬子区四川盆地分区威远地层小区。位于川中台隆、资威背斜西南段，属四川中台坳川南台凸的一部分。荣县地形由丘陵、低山、平坝及沟谷组成，地势西北高、东南低，海拔多介于 350～450 m。最低 288 m，最高 901 m。地貌分区特征较明显，由北向南波状起伏，北部多为低山高丘地形，中部多为低丘、中丘、缓丘地形；南部多为中丘、高丘地形，平坝主要分布在沿河两岸[17]。

6.1.3 气候与气象

内江市威远县属亚热带暖湿季风气候分区，受较特殊的地理位置和地形地貌影响，又分丘陵温暖季风气候分区和低山温凉季风气候分区。冬半年（11—4 月）主要受内陆高纬度地区少雨干燥的冬季风影响，夏半年（5—10 月）受来自低纬度地区的海洋暖湿夏季风影响。冬暖春寒，夏热秋凉；冬干春旱，夏秋多雨。冬无严寒，夏少酷热；无霜期长，日照较少，四季分明。内江市资中县属亚热带湿润季风气候，四季分明，气候温和，雨量充沛，春早、夏长、秋冬季短，夏无酷热，冬无严寒，无霜期长。全年 1 月最冷，月均气温 6～8℃；7 月最热，月均气温 26～30℃；历年（1954—2009 年）平均气温 17.4℃。历年平均降雨量 986.2 mm，年均蒸发量 182.4 mm，年均相对湿度为 80%。历年平均日照时数 1 159.9 h，全年积温 6 439.9℃。

自贡市荣县属亚热带季风气候，主要特点是气候温和，无霜期长，降雨充沛且时空分布不均，大陆性季风气候明显，四季分明。春季气温回升快、变化大、不稳定，常有冷空气活动，冷暖无常；夏季高温高湿，天气炎热，降雨集中，旱涝交错，偶有冰雹；秋季降温快、多绵雨、少日照；冬季温暖、多阴天、寡日照、少雨雪、多雾、有霜冻。多年平均温度为 17.8℃，8 月最热（月平均 26.7℃），1 月最冷（月平均 7.3℃）。多年平均日照时数 1 201.4 h。据县气象局四十年资料：多年降水量为 1 012.9 mm，年平均降水日数 142 天。降雨的地区和作物生长季节分布特点的，山区多，低丘平坝少，西北部多，东南部少，大春多，小春少。

6.1.4 水文

威远页岩气田风险作业区包括内江市威远县、资中县以及自贡市荣县等区域，该区域内水系较为发达，支流密布，河流分属沱江、岷江水系；范围内流域面积较大的河流主要有威远河、乌龙河、新场河、镇西河、越溪河、中溪河、旭水河、釜溪河等。此外，区块内和区块周边分布有多个水库，如葫芦口水库、黄河镇水库、长沙坝水库、响滩子水库、八一水库、乌龙沱水库、河口水库、双溪水库、庆卫水库等。

（1）威远河

威远河，又名清溪河，为沱江二级支流，发源于威远县俩母山东北麓，从西北横穿至东南，流经连界、兴隆场、长沙坝水库、葫芦口水库、威远县城，于向义镇凤凰桥与旭水河汇合后注入自贡市釜溪河。威远河全长 131 km，流域面积 986.3 km^2，其中县境内 859.8 km^2（占全县辖区面积的 65%），自然落差 334 m，河道坡降在 4‰ 以上，大小支流分布全县 15 个镇。属典型的水利工程控制的河流，上游有长葫水库和团结渠、联合渠农灌工程及自贡输水管道工程，中、下游有雷家凼、罗家坝等 9 座堰闸，形成了一个较完整的梯级系统，河道绝大部分都已经渠化。

（2）旭水河

旭水河是釜溪河重要的一级支流，发源于九宫山余脉，流经荣县县城、龙潭镇、桥头镇、贡井区，于自流井区城区上游双河口汇入釜溪河，全长 118 km，流域面积 780 km^2。旭水河由于堰闸较多，大部分河段已经渠化，河水流速缓慢，拦截漂浮物较多。

（3）越溪河

又名大牢溪，自荣县入宜宾县境内，经合什、柳嘉、沙沟、改进、观音、徐家、隆兴、越溪、古柏、大塔、缸平、黄伞等乡镇汇入岷江，流长 105 km。

（4）釜溪河

釜溪河在沱江下游右岸。上源威远河（清溪河）发源于威远县俩母山。流域面积 3 472 km^2，河长 190 km，天然落差 360 余 m，平均坡降约 1.9‰，流经四川省内江市威远县以及自贡市，于自贡市釜溪口汇入沱江。已知历史最高洪水位为 307.59 m，最大流量 1 650 m^3/s；支流旭水河上游荣溪河荣县汇合口已知历史最高洪水位 350.80 m，最大流量为 1 528 m^3/s。

（5）乌龙河

乌龙河发源于资中县兴隆街镇五皇盐家坝，流经威远县东联镇，经过内江市中区到自贡市富顺县注入沱江，全长 56.7 km。流域面积 169.025 km^2，处径流总量 5 433 万 m^3。

（6）长沙坝水库

长沙坝水库位于威远县北部观音滩镇与黄荆沟镇交界的河谷中，距县城 29 m，水库因大坝建在长沙坝而得名。由威远县与自贡市合建，于 1967 年 1 月动工，至 1971 年 11 月完工。长沙坝水库为条石浆单拱坝，坝高 52 m，是 20 世纪引进德国技术建成的全石质水库。

（7）葫芦口水库

葫芦口水库位于威远县新场镇、山王镇和观英滩镇境内，处于长沙坝水库下游，是长江三级支流威远河梯级开发的第二级水库（上游 15 km 是第一级长沙坝水库）。因坝址所在地形似葫芦嘴而得名。该水库是浆砌条石溢流重力坝，坝高 71 m，总库容 $7\,580\times10^4$ m^3，正常库容 $6\,220\times10^4$ m^3，大坝以上控制集雨面积 228 km^2。

（8）双溪水库

双溪水库，原名红旗水库，1988 年 8 月更名为双溪水库。距离荣县城北 1 km，距自贡 40 km。双溪水库蓄水 580×10^4 m^3，坎前方圆 2.5 km^2，双溪水库，风光秀丽，素有“小三峡”之称。位于釜溪河的一级支流旭水河上游，水库流域属沱江水系，汇水面积 80.26 km^2，河道长度 24.4 km，有效灌面 21.6 万亩，保灌 19.4 万亩。

根据现场初步调查，拟建工程区域无大型工矿企业，水污染源主要为养殖场污水、城镇生活污水和农村面源污染。

6.1.5 气藏特征

目前的勘探成果显示，威远区块页岩气田层位为龙马溪组，埋深 2 500～4 000 m，为深水陆棚相沉积，底部优质页岩段厚度 40.0～50.6 m，其中威 202 井区五峰组厚度为 8～15 m，各项参数指标较低；威 204 井区五峰组厚度为 1.4 m，各项参数指标较好。优质页岩段有机碳含量 3.1%～3.3%；脆性矿物含量 53.89%～74.0%，平均值为 62.6%；黏土含量 26.0%～46.11%，平均值为 37.4%；孔隙度 2.5%～5.8%，平均值为 4.3%；含气量 3.1～5.8 m^3/t，平均值为 4.3 m^3/t。产出流体烃类组成以甲烷为主（平均值为 98.276%），含重烃微量，不含硫化氢[17]。天然气组分见表 6-2。

表 6-2 天然气组分

组分名称	含量 /%	组分名称	含量 /%
甲烷（C1）	97.276	已烷 +（C6+）	0.000
乙烷（C2）	0.527	硫化氢（H_2S）	0.000
丙烷（C3）	0.019	二氧化碳（CO_2）	1.717

续表

组分名称	含量 /%	组分名称	含量 /%
正丁烷（*n* 中 C_4H_{10}）	0.000	氮（N_2）	0.416
异丁烷（*n* 中 C_4H_{10}）	0.000	氦（He）	0.024
异戊烷（*i* 中 C_5H_{12}）	0.000	氢（H_2）	0.021
正戊烷（*n* 中 C_5H_{12}）	0.000	氧 + 氩（O_2+Ar）	0.004
相对密度（g/cm^3）	0.5757	临界压力（MPa）	4.641

6.1.6　工程概况

威远区块动用储量包括两块，其中威 202 井区三维区块面积 33.67 km^2，威 204 井区三维区块面积 195.95 km^2，动用地质储量合计 1 191.62 × 10^8 m^3。

威远区块采用丛式水平井组开发，水平段长度 1 300～2 000 m，水平巷道间距 350～450 m，靶体距优质页岩底界 10～20 m。设计井数 143 口（威 202 井区 36 口，威 204 井区 107 口），其中投产井数 128 口（新部署水平井 127 口，已有水平井 1 口）、调节井 10 口、评价井 5 口。

2015 年投产 11 个井组，64 口井（其中威 202 井区投产 24 口，威 204 井区投产 40 口），实现年产量 10 × 10^8 m^3，2016—2020 年通过井组接替实现稳产 5 年，期末累计采气量 60 × 10^8 m^3，预测至 2034 年累计产气 122 × 10^8 m^3，井位部署见图 6-1。

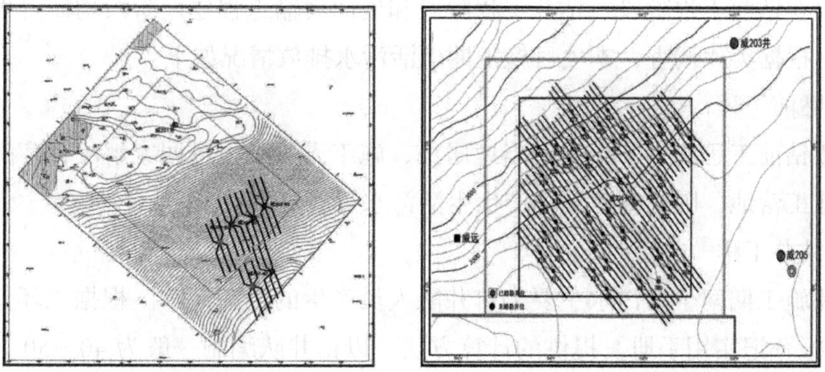

（a）威202井区井位部署　　（b）威204井区井位部署

图 6-1　威 202 井区和威 204 井区井位部署

6.2 威远地区页岩气开发情况及对水和生态环境影响分析

6.2.1 对水环境影响

6.2.1.1 施工期水环境影响分析

施工期产生的废水主要包括管道试压废水、施工人员的生活污水和钻井阶段废水（钻井废水、洗井废水、压裂废水）。

（1）管道试压水

管道工程清管、试压一般采用无腐蚀性的清洁水，试压用水可重复利用（重复利用率可达 50% 以上）。预计井区内部集输管网全部建成后将产生试压废水约 4 673 m^3，其中采气管线共产生试压废水约 2 459 m^3，集输干线共产生试压废水约 1 529 m^3。

由于管道组焊前会对单根管道进行人工清扫，施工完成后将采用氮气对全线进行吹扫，直至无污物排出，最后采用清水试压。因此，试压后排出的废水较清洁，主要污染物为悬浮物。试压废水排放时将在排放口安装过滤器，在受纳河流上设置拦截设施，这些措施能有效地过滤和拦截试压废水中的悬浮物。

试压废水的处置方式一般是在征得地方环境保护主管部门的许可后选择合适的地点排放，试压废水对环境的影响不大。

（2）施工人员生活废水

项目在钻前工程阶段、钻井工程阶段和地面集输工程建设阶段均需要大量的施工人员。根据类比调查，本项目施工期生活污水排放情况如下。

1）钻前工程

一般钻前工程施工人员雇佣当地居民，施工人员当天可回家解决食宿问题，现场不设施工营地，因此施工现场产生生活污水可忽略不计。

2）钻井工程

钻井施工期间生活污水主要来自井队人员产生的生活污水。根据原环保总局在《排污申报登记实用手册》提供的计算方法，以钻井队编制一般为 40～50 人计，设照职工生活用水 120 L/（d•人），排水系数取 0.85，估算生活用水量为 4.8～6 m^3/d，生活污水产生量为 4.08～5.1 m^3/d。

生活污水通过化粪池简单处理后定期交由附近农户运走用于周边农田施肥，不外排，不会对地表水环境造成影响。

3）内部集输管道工程

本工程具有滚动开发的特点，因此采气管道不集中建设，外输干线和部分集气干线可以分期、分批建设。施工人员生活污水产生量按 75 L/（d·人）计算，COD 和氨氮的浓度分别按 300 mg/L 和 30 mg/L 计算。通过施工过程类比调查，一般地段管线施工期平均每公里需施工人员 20～30 人，在条件具备的前提下，每敷设 1 km 管道约需要 5 天。因此施工期人数按照高值进行统计，生活污水、COD 和氨氮排放量分别为 11.25 m^3/km、3.38 kg/km、0.34 kg/km。

根据以往施工经验，管道建设施工是分段进行的，且主要依靠当地农村劳动力，施工管理及技术员生活设施依托沿线城镇旅店，不设野外施工营地，生活污水主要依托当地的生活污水处理系统，不外排，因此施工期生活污水对沿线环境的影响比较小。

（3）钻井阶段废水

钻井阶段产生的废水主要由钻井废水、洗井废水、压裂废水等组成。

①钻井废水

钻井废水主要包括机械污水、钻井泥浆污水。其中机械污水包括柴油机冷却水、钻井泵拉杆冲洗水、水刹车排出水，其中，钻井泥浆污水为废钻井泥浆中的澄清液等。钻井废水通过井场排污系统进入废水池储存。

钻井废水中的主要污染物组成与地层水性质及使用的泥浆种类有直接关系。根据钻井设计方案，一开采用清水钻井，钻井过程中清水不断注入井内，将井筒内的岩屑带至地面，经振动筛筛分后，泥浆进入泥浆罐循环利用，岩屑和少量泥浆进入废水池，经自然沉降后，上清液循环利用；二开采用低固相聚合钻井液，在一开钻井液的基础上，加入适量的膨润土、纯碱、防塌润滑剂等，以确保钻井液的黏度并达到防井塌等功效；三开水平段油基泥浆在供应商配制好后拉运至钻井现场，钻井液在过程中循环使用。

钻井过程中产生的污染物种类基本相同。钻井废水中的主要污染物来源于流失的泥浆和柴油机跑冒滴漏的油类，主要污染物有石油类、悬浮物、COD 等（表 6-3）；钻井过程中若遇盐层（或盐水），可能还含氯化物。一旦钻井废水收集池遇暴雨、洪水、地层移动等自然灾害可能会造成钻井废水溢流、渗漏、废水池垮塌，对附近的环境造成污染[41]。

根据钻井的设计方案和钻井液用量控制指标，常规钻井阶段新鲜水的损耗量约为 3.5%，钻井阶段平均每米进尺产生的最大废水量约为 0.4 m^3，该废水经处理后回用于配制泥浆、冲洗设备或者配制压裂液等。根据调查，所产生的钻井废水经预处理后，至少 85% 的废水可用于平台另外一口井二开以后的钻井作业，依次类推；长城钻探公司所产生的钻井废水经处理后全部回用，配制泥浆或压裂液，回用水水质要求见表 6-3。研究区钻井用水量、废物产生量及其处置方式见表 6-4。

表 6-3　钻井废水中的主要污染物与浓度　　单位：mg/L，pH 除外

废水类别	污染物				
	pH	SS	石油类	COD	Cl^-
清水钻进后的废水	6.5～8.0	≤2 000	≤5	≤800	≤2 000
水基钻井液钻进后废水	7.0～9.0	≤2 500	≤70	≤3 000	≤3 000

表 6-4　研究区回用水水质要求

项目	单位	指标
pH	—	6～9
石油类	mg/L	≤30
SS	mg/L	≤400
色度	倍	80

表 6-5　研究区钻井用水量、废水产生量及处置方式

区块	总用水量 /（$\times 10^4$ m^3）	新鲜水量 /（$\times 10^4$ m^3）	损耗量 /（$\times 10^4$ m^3）	废水产生量 /（$\times 10^4$ m^3）			处置方式
				废水总量	回用量	钻井废水	
威 202 井区	2.12	0.33	0.01	2.11	1.79	0.32	拉运至有资质的单位进行处置
威 204 井区	16.51	2.55	0.09	16.42	13.96	2.46	

注：威 202 区块新部署 6 个平台 36 口井，最大井深约 4 400 m，威 204 区块新部署 18 个平台 107 口井，最大井深约 5 400 m。

②洗井废水

项目完井测试前，工程需用清水对套管内进行洗井作业。根据对项目前期钻井工程的类比调查，项目每个平台洗井废水产生量约 100 m^3，即项目生产期间共产生洗井废水约 0.65×10^4 m^3。大部分洗井废水从井口排出，进入沉砂池，少部分在放喷测试的时候进入放喷池旁的积液坑内，然后用泵泵入沉砂池中，最终与钻井废水一起处理，其中长城钻探公司的洗井废水 100% 回用。洗井废水产生的最主要污染物浓度及处理方式见表 6-6 和表 6-7。

表 6-6　洗井废水中的主要污染物浓度　　单位：mg/L，pH 除外

废水类别	污染物			
	pH	SS	石油类	COD
洗井废水	6.5～8.0	≤4 500	≤40	≤2 500

表 6-7　研井区洗井废水产生量及处置方式

区块	单个平台洗井废水产生量 /m^3	洗井废水产生量 /（$\times 10^4\ m^3$）	处置方式
威 202 井区和威 204 井区	100	0.24	拉运至有资质的单位进行处置

③ 压裂废水

射孔完井后，采用电缆泵送桥塞分簇射孔分段体积压裂工艺进行储层改造。根据水平井压裂施工参数统计结果，推荐压裂施工单段平均液量 1 500～1 800 m^3/ 井，一般单井平均需要分 15～20 段进行改造。经统计，试油期间，威远区块压裂液返排率约 30%，项目对返排的压裂废水进行回收利用。根据工程前期实际生产情况，压裂作业过程中，压裂返排液通过专门管线排至集液池，经自然沉降后，上层返排液泵入撬装过滤装置过滤，经过滤后的返排液送入清水池，供下一口井使用（图 6-2），确保了压裂液的循环使用，这样既减少了废水转运、处理的风险和成本，也减少了配制压裂液的用水量，压裂废水回用率至少 85% 以上（本次评价压裂废水取回用率取 85%）。压裂返排液中 COD 高、色度高、悬浮物含量高，除了含有有害化学添加剂，还含有储集岩中的烃类化合物、重金属和矿物盐等。若这些废水渗透到地下含水层或流入地表水体，会造成严重的水污染[42]。

根据各个区块的井位部署情况，经计算各井区压裂液返排及压裂废水产生情况见表 6-8。

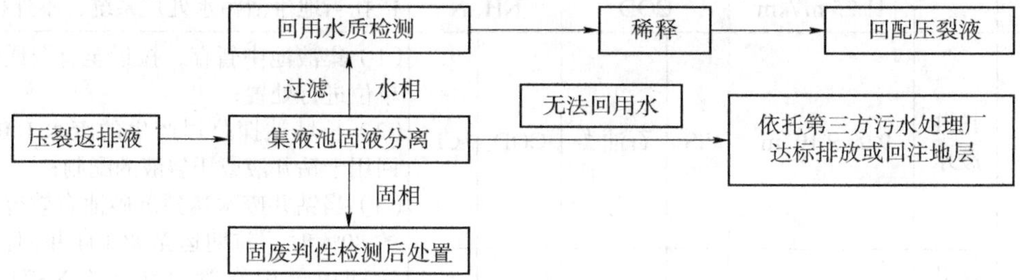

图 6-2　压裂返排液处理工艺流程

表 6-8　各井区压裂液返排及压裂废水产生、处置情况

项目	单段平均压裂液用量 /（m^3/ 井・段）	单井储层改造段数 / 段	单井压裂液用量 /（m^3/ 井）	单井压裂液返排量 /（m^3/ 井）	压裂废水总量 /（$\times 10^4$ m^3）	压裂废水处置方式
威 202 井区	1 800	15～20	27 000～36 000	8 100～10 800	4.37～5.83	拉运至威 6 井、威 32 井回注；拉运至有资质的单位进行处理
威 204 井区	1 800	15～20	27 000～36 000	8 100～10 800	12.88～17.17	

本工程压裂废水是在井场内经撬装装置进行简单处理后符合回用要求的回配压裂液，对不符合要求的压裂废水应交给有资质的单位处置或进行回注处理，见图 6-3。

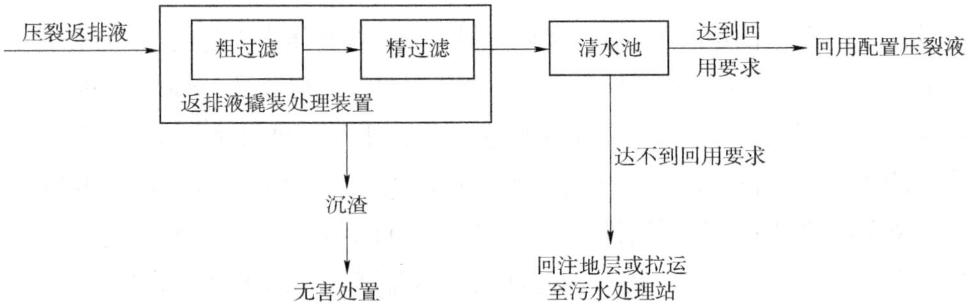

图 6-3　压裂废水撬装装置处理工艺示意

综上所述，本工程施工期废水产生量汇总情况见表 6-9。

表 6-9　施工期废水产生量汇总

序号	废水类别	产生量	主要污染物				处置去向
1	生活污水	4.08～5.1 m^3/d	COD		NH_3-N		通过化粪池处置后定期交由附近农户运走用于农田施肥，不外排
		11.25 m^3/km	COD		NH_3-N		依托当地生活污水处理系统，不外排
2	钻井废水	9.09×10^4 m^3	SS	石油类	COD	Cl^-	（1）集液池中暂存，拉运至有资质的单位进行处置；（2）长城钻探公司产生的废水 100% 回用于钻井液或压裂液的配制；（3）当钻井废水达到沉砂池有效容积的 80% 时，前期运至昭 104 井回注，后期由气田水管道转运至 YSZ1 和 YSZ2 回注井回注至地层
	洗井废水	0.65×10^4 m^3	SS	石油类	COD	Cl^-	

续表

序号	废水类别	产生量	主要污染物				处置去向
2	压裂废水	33.35×10^4～44.47×10^4 m^3	SS	石油类	COD	Cl^-	经撬装装置简单处理后，大部分运至付 1 井、老 5 井回注，少部分运至有资质的单位进行处置
3	试压废水	4 673 m^3	SS		—		在征得地方环境保护主管部门的许可后选择合适的地点排放

6.2.1.2　运行期水环境影响分析

本工程运行期内的废水主要来自：井场、集气站、集气总站、脱水站产生的压裂返排液（气田水）；各站场值班人员产生的生活污水；各站场场地及设备冲洗（清管作业）废水；此外，检修期间在分离器、脱水装置、集气装置等处也会产生压裂返排液。

根据页岩气开采的特点：页岩气开发具有生产初期压降快、稳产能力低、在低压阶段生产时间长的特点，其生产气井初期压力高、排出液量大，但后期随着产量递减，压力下降快、基本不出液。根据其生产特点，页岩气生产可分为两个阶段：排液期和正常生产期。

在排液期页岩气单井产出气具有产量高、压力高、产量递减快的特点，生产过程还将产生一定量的压裂返排液，生产时间较短。在此期间地面集输系统采用“节流、加热、分离、轮换计量、多井场串接、湿气输送、集中脱水”的工艺技术。

排液完成后，页岩气进入正常生产期。在该阶段，页岩气单井产出物中含少量返排压裂液，井口压力、产量将有明显的下降，返排液明显减少。

压裂返排液先存放在井场和站场的生产污水池内，然后再进行处理。

（1）压裂返排液（气田水）

在运行期间，天然气经井场气液分离处理后，气液混输至集气站、集气总站和脱水站进行深度分离处理，分离出的压裂返排液排入站内生产污水池。井场生产初期分离出的气田水水量较大，基本为井场压裂作业后残留井下的压裂液。生产初期井场分离出的返排液输送至各井场站内为钻前工程修建的水池（采用钢筋混凝土地下式防渗结构）进行储存。集气站、集气总站和脱水站等各个站场分离出的气田水水量比较少，可先在站场内气田水存储池暂存。

研究区内气田水的产生量见表 6-10。

表 6-10 运行期各个区块井场、站场气田水产生量

序号	区块	井场 / 站场	气田水产生量	备注
1	威远（威 202 井区和威 204 井区）	井场	5～30 m^3/（d · 井）	生产初期，排液量较大，但是排液时间短，生产后期排液量较小，但排液时期长
2		威 202 集气总站	5～10 m^3/d	长期，生产污水池：200 m^3
3		威 204 集气站	3～5 m^3/d	长期，废水罐
4		威 204 脱水站	10～15 m^3/d	长期，生产污水池：100 m^3

（2）生活污水

本工程运行期间产生的生活污水主要为集气站、集气总站、外输末站等站场工作人员排放的生活污水。按照生活污水产生量及排放情况见表 6-11，其中生活污水中主要污染物为 COD、氨氮等。

表 6-11 生活污水产生量及处理方式

序号	区块	定员 / 人	生活污水产生量（m^3/d）	处理方式
1	威 202 井区和威 204 井区	90	14.40	经化粪池简单处理后用于农灌，不外排

（3）清管作业和分离器等装置检修废水

此外，各站场清管作业和分离器、脱水装置、集气装置等装置检修时会产生少量清管废水和检修废水，清管作业产生的废水极少，分离器、脱水装置、集气装置等装置检修废水产生量合计约 2 m^3/ 次，每年检修 2 次，6 座站场每年产生的检修废水总量最大约 24 m^3，检修废水和清管废水暂存于站场的生产污水池内，然后随气田水一起进行处理。

（4）场地冲洗废水

这部分水量较小，可汇入雨水排水系统排至站外，对环境无影响。

6.2.2 对生态环境影响

6.2.2.1 施工期对生态环境影响

6.2.2.1.1 土地利用影响

区块开发将新增建设用地，并对现有的土地利用格局造成一定的影响，根据占地性质，分别分析永久占地和临时占地工程建设对土地利用的影响。

（1）永久性占地及影响

工程永久占地包括井站、集气（总）站、脱水站、外输末站等，详情见表 6-12。

表 6-12 工程永久用地明细表

单位：hm^2

工程内容	土地类型				
	旱地	水田	林地	灌丛	合计
丛式井场	8.900	1.110	0.610	0.500	11.120
威 202 集气总站	0.500	—	—	0.290	0.790
威 204 集气站	0.480	0.120	—	0.279	0.879
威 204 脱水站	0.505	—	0.200	0.320	1.025
徐家冲输气站	0.077	—	—	—	0.077
曹家坝输气站	0.080	—	—	—	0.080
管道工程	0.020	—	—	—	0.020
道路工程	2.700	0.540	0.300	1.860	5.400
小计	13.262	1.77	1.110	3.249	19.391

由表 6-12 可知，永久占用的土地利用类型主要为耕地，占总占地面积的 77.52%，耕地中，旱地占 68.39%。永久占地将改变了现有土地利用现状。

可以看出，永久占地使得耕地面积减少，建设用地增加，但由于永久占地面积较小，耕地的减少和建设用地增加的幅度较小，对整个区块土地利用结构的影响不大。主要的不利影响是对农民的耕地占用，使得农民收入减少，需要通过占地补偿来减轻该影响。

（2）临时占地类型及影响

项目临时占地包括钻井工程设备、人员进驻的临时占地，输气、输水管线施工时的工作区域，压裂阶段的蓄水池及转水泵房、行进道路等，具体见表 6-13。

表 6-13 工程临时占地明细

单位：hm^2

工程内容	土地类型				
	旱地	水田	林地	灌丛	合计
丛式井场	28.360	17.530	14.020	10.200	70.110
威 204 集气站	0.016	—	—	—	0.016
采气管道	25.870	9.700	12.940	16.170	64.680
集输干线	4.140	0.830	8.280	3.310	16.560
外输干线	7.330	1.220	7.340	8.560	24.450
供水管道	11.400	0.810	16.290	12.220	40.730
蓄水池	0.200	—	—	3.000	3.200

续表

工程内容	土地类型				
	旱地	水田	林地	灌丛	合计
取水泵房	—	—	—	0.082	0.082
转水泵房	—	—	—	0.125	0.125
井场道路	29.700	5.040	6.840	17.820	59.400
小计	107.016	35.140	65.710	71.487	279.353

由表6-14可知，临时占用的土地类型也是以耕地为主，占总面积的50.89%，耕地类型中，旱地最多占38.31%；其次为林地，占23.52%。

评价范围内的土地利用类型多样，但占地类型集中在耕地和林地，耕地占用造成占地范围内及周边农作物减产或无法耕种，林地占用造成林木蓄积量减少，林地面积损失，森林覆盖率降低。但是，临时占地对土地利用的影响是短期可逆的，随着区块内井场开发的结束，会逐渐恢复原有土地利用类型，对土地利用结构不会产生大的影响。

（1）对陆生植物影响

施工期对植被及植物资源的影响主要来自工程占地、人员活动和施工机械碾压等，主要集中在占地范围内。

（2）对农田植被的影响

项目对农田植被的影响集中表现在工程占用耕地和园地所带来的影响上。站场建设、道路施工、管沟开挖等施工过程将对作业区范围内及边界上种植的农作物和多年生木本、草本植物造成直接影响，造成植株死亡、生物量丧失、地表裸露等，同时，施工尘土附着在作物叶片表面，影响植物光合作用，尤其是会对作物幼苗生理特性产生影响；另外，施工人员的践踏和施工机械设备的碾压也会对周边作物产生一定不利影响。

项目永久占地和临时占地造成农田植被损失的情况见表6-14。

表6-14　农田植被损失情况

占地类型	占地性质	产量（kg/亩）	作物损失面积/hm^2	损失产量/（$\times 10^4$ kg/a）
旱地	永久性	263	46.693	18.41
水田		645	8.25	7.98
旱地	临时性	263	220.544	89.96
水田		645	66.09	63.91

结合 2010 年遥感数据，威远区块耕地面积为 399.75 km^2，2014 年经过四年的开发，耕地面积减少为 358.09 km^2，这主要是因为站场施工占地、建成后的生态恢复以及退耕还林政策在区域内的延续效应。类比分析可知，开发区块的后续建设，会进一步减少耕地面积，但减少量有限，不会改变本区域以农田为主的土地利用格局。

农田植被破坏所造成的影响主要是社会影响，体现在对主要依靠耕地和园地获得收入的农民的生计影响上，拟建项目将占用耕地 157.188 hm^2，有限的土地资源被占用会加剧人地矛盾，如何补偿因占用耕地给居民带来的经济损失，成为保证项目在当地顺利开展的前提。

（3）井（站）场占地对林草植被的影响分析

受人类生产活动干扰，评价范围已无天然林分布，现存都是人工林或人工次生林，杉木、柳杉、柏木林等是主要的森林植被类型，在林缘、丘陵顶部有黄荆马桑灌丛等分布，农林交错区分布有白茅草丛。

站场占地也会临时占用一定数量的林地和灌草丛，林地砍伐、灌草丛的损毁都将造成植物群落物种个体数量减少，生物量丧失，植被覆盖率降低，从而造成地表裸露，水土流失加剧。

结合对区块内已建、在建钻井平台的调查，占地及施工扰动了周边区域的植被，但除了被砍伐、损毁的植被，周边植被所受影响不明显，且开发区块所处的环境不论气候、光照、温度、湿度等均有利于植被的自然恢复，在已建平台周边裸露的区域已经有大量杂草出现。

由于砍伐、破坏的植被类型是当地群落分布普遍，个体数量极大，优势地位明显的种类。因此，小面积的破坏不会影响评价范围植被类型格局，不会因物种个体数量的减少而影响其优势种或建群种的地位，也不会造成该区域植物生物多样性的损失，对植物区系的结构不会有明显影响。

（4）管道施工对植被的影响

管道施工对植被生态系统的影响，主要表现在管线作业开挖占地，部分地段因需要砍伐一定量的林木使植被的覆盖面积减小上；管线涉及林区内交通条件较差，为保证管线的铺设，除部分道路不需要整修以外，其他道路都必须整修扩宽，有些地段需要新修施工便道。道路修建在一定程度上又扩大了对植被的破坏面积，减少了植被的生物量。施工过程中，施工作业带内的植物地上部分与根系均被铲除，同时还会伤及近旁植物的根系。施工带其他部位的植被，由于挖掘出土石的堆放、人员的践踏，地上部分被破坏甚至去除，但根系仍保留。管线竣工管沟回填后，周围植被渐次侵入，植被开始恢复。

对区块已建管线的调查结果说明，管道均为临时占地，铺设完毕后进行了植被恢复，且恢复效果较好，未对区域生物多样性造成损失。

（5）植被生物量损失统计

通过对占地范围内植被类型的统计，参考植被类型单位面积生物量，估算了因项目施工而损失的植物群落生态量见表 6-15、表 6-16。

表 6-15　生物量统计

类型	单位面积生物量 /（t/hm²）	评价范围面积 / km²	生物量 /（×10⁴ t）	区块面积 / km²	生物量 /（×10⁴ t）
针叶林	36.96	182.93	67.61	97.08	35.88
阔叶林	89.36	21.78	19.46	16.19	14.47
竹林	31.28	20.50	6.41	13.37	4.18
灌丛	13.22	39.18	5.18	26.75	3.54
草丛	3.0	2.64	0.08	1.18	0.04
果园	29.51	9.34	2.76	5.11	1.51
农作物	16.02	542.4	86.89	259.21	41.52

表 6-16　植物群落生物量损失统计

植被类型	平均生物量 /（t/hm²）	永久占地损失的生物量 /t	临时占地损失的生物量 /t	总生物量 /t
针叶林	67.24	866.19	5 245.53	6 111.72
阔叶林	155.7	1 337.15	3 497.02	4 834.17
灌丛	20.0	202.98	2 718.34	2 921.32
农田植被	5.68	278.39	1 644.89	1 923.28
合计	/	2 684.71	13 105.78	15 790.49

注：（1）表中针叶林、阔叶林平均生物量来源于刘彦春等，2010；吴鹏等，2012；

（2）灌丛平均生物量来源于胡会峰等，2006；

（3）农田植被平均生物量来源于王尚明等，2008。

由表 6-16 可知，永久占地丧失的生物量为 2 684.71 t，占评价范围总生物量的 0.14%，占区块范围生物量的 0.27%；临时占地丧失的生物量为 13 105.78 t，占评价范围总生物量的 0.70%，占区块范围生物量的 1.30%。总体而言，区块开发损失的生物量占区块总生物量的 1.56%，比例很小，对区域生物量的影响不大。

（6）燃烧废气对植物的影响

柴油发电（动）机燃烧废气中的 SO_2 对周边植被生长有轻微影响。测试放喷和事故放喷时，放喷气体燃烧产生的废气和热辐射对植被有一定影响，由于该井不含

H_2S，燃烧废气中不含 SO_2，因此对植被影响较轻，且放喷池周边植被较少，放喷燃烧属于偶发活动，放喷燃烧时间一般为 4～6 h，因此放喷燃烧活动对放喷池周边的植被影响较小。

6.2.2.1.2　土壤影响

本工程对土壤的影响主要表现在钻前阶段的井场建设、内部集输工程建设对土壤的碾压、扰动，以及钻井阶段、试气阶段产生的生产废水、固体废物控制不当可能会对土壤造成污染，具体影响有以下几个方面[43]。

（1）扰动土壤发生层，破坏土壤结构

项目施工中的开挖和基础浇筑必将破坏土壤结构，且影响土壤肥力集中、水分集中、土质疏松的层次。除基础及管沟开挖的部分受到直接的破坏外，开挖土石的堆放占地，同样会造成土层混合和扰动，破坏农田的耕作土层。

（2）混合各层次土壤，改变土壤质地

各层次土壤质地因地形和土壤形成条件的不同而有较大的区别，土石方的开挖、回填将混合原有的土壤层次，降低土壤的蓄水保肥能力，使其易受风蚀，从而影响土壤的发育、植被的恢复；在农田区将降低土壤的耕作性能，影响农作物的生长，最终导致农作物产量的下降。

（3）影响土壤紧实度

堆放的基坑开挖土一般难以达到原有的土壤紧实度，施工中机械碾压，人员践踏等都会影响土壤的紧实度。土层过松，易引起水土流失；土体过紧，又会影响植物生长。

（4）引起水土流失

原材料的运输、工器具的搬运将对植被造成破坏；在基础开挖、管沟挖填等作业活动中，也会砍伐周围植被，形成裸露地表，易引起水土流失。

（5）土壤污染

钻井阶段的钻井废水、压裂返排液若不妥善处置，一旦进入土壤将严重影响土壤质量，危害周边土壤耕作和农作物正常生长。施工人员活动可能将产生的固体废物残留于土壤中，这些残留于土壤中的固体废物如塑料袋等难以分解，在土壤中长时间残留，也将影响农作物的生长。因此，钻井过程必须加强对钻井活动的管理，避免废水、废物进入土壤。

6.2.2.1.3　陆生动物影响

评价范围内分布的野生动物以野兔、鼠类、雀类等广布型小型兽类和鸟类及当地常见的爬行类、两栖类为主[44]。站场选址以耕地为主，管线尽量避绕林地，最大限度地降低了林地斑块破碎化带来的生境破碎化。

项目对占地范围内植被的破坏，将直接影响穴居的啮齿类、爬行类动物及筑巢、觅食林间的鸟类。动物可以通过重新寻找附近的相似生境定居，躲避影响。局部生境丧失不会导致依赖这些生境生存的动物物种数量下降。

输气、输水管线占地属于临时占地，且分段敷设，不影响兽类迁徙，不会出现公路、铁路等项目产生的廊道阻隔效应。

钻井过程除了占地影响动物生境外，主要的影响来自噪声，钻井过程的噪声源强为 85～100 dB（A），动物长期在高噪声的环境生存可能会影响动物的生理机能，但是与植物不同，动物易于躲避干扰，可以重新寻找远离干扰源的生境定居，且钻井噪声属于短期、可逆影响，钻井结束后，对动物的影响也随之消失。

评价区域内的国家二级保护动物普通鵟和红隼为高空飞行鸟类，在评价区域内主要分布于山林之中，但数量较少；斑头鸺鹠主要分布在村庄周边原始林及次生林区域；红腹锦鸡栖息于海拔 500～800 m 的多岩山坡，活动于竹灌丛地带。评价区灌丛一般高 2～3 m，覆盖度 0.8～0.9。工程施工占地在该区域呈点状分布，占地面积比例较小，对该区域保护鸟类的生境影响较小，此外这些鸟类在受到影响后也会主动迁移，因而工程对该区域的保护鸟类影响较小。

大鲵一般都匿居在山溪的石隙间，在水质清澈、含沙量不大、水流湍急并且要有回流水的洞穴中生活，洞穴位于水面以下。评价区域在南广河支流上游玉秀苗族乡存在大鲵人工养殖业，据养殖户介绍在该区域曾有野生大鲵分布，但本次调查未发现，分析原因可能是由于养殖户捕捉等造成野生种数量下降所致。工程建设施工不直接涉及该区域，施工期取水也不会影响到该河段，工程对评价区域内的大鲵影响轻微。

由上所述，施工不会影响动物在区块内的分布及正常活动。

6.2.2.1.4　水生生物影响

（1）对藻类和浮游动物的影响

施工对藻类的影响主要为新建取水泵站、河流公路穿越等施工过程导致的局部水域悬浮物浓度升高，影响阳光透射，使浮游植物的光合作用在一定程度上受到不利影响，不利于藻类生长繁殖，导致生物量减少。藻类是具有叶绿素、能进行光合作用的低等植物，多数藻类是鱼类或其他水生动物的饵料。施工虽会对其造成影响但工程结束后，水体透明度增大，受影响河段藻类的数量能很快恢复到原有水平，属阶段性影响。

水域中的浮游动物是许多经济鱼类和几乎所有幼鱼的重要饵料，与浮游植物一样，在施工阶段，新建取水泵站等工程产生的悬浮物可能黏附在浮游动物体表，使其运动、摄食等活动受到影响，过量的悬浮物会堵塞桡足类动物的食物过滤系统和消化器官，对其存活和繁殖有抑制作用，从而使局部水域内浮游动物数量生物减少，但因施工水域面积小，对浮游动物的影响轻微。施工结束后，上述影响即消失。

此外，压裂取水后各取水点下游河流的水文条件发生了变化，河流水量减少。在保证生态基流的基础上对浮游生物的影响主要是栖息生境空间的减少，生物量下降，但种类组成并不会发生较大变化。

（2）对大型底栖无脊椎动物的影响

底栖动物是长期在水域底部泥沙、石块或其他水底物体上生活的动物，自然水体中底栖动物的种类和数量与底层杂食性鱼类有着极大的关系。工程对底栖动物较大的影响在于新建取水口和围堰等工程时对其生活环境的改变，取水区域内原有河床底质被改变，使底栖动物种类、数量、分布也产生一定的变化，但本工程涉及水域面积很少，仅改变了部分河段的底质环境，对整个评价区域底栖动物的影响不大。

与浮游生物类似，压裂取水对底栖动物的主要影响也是由于水量减少导致的生物量下降，底栖动物区系组成、种群特征不会发生较大变化。

（3）对鱼类的影响

施工期间对鱼类的影响主要是新建取水泵站、河流公路穿越等施工对悬浮物的影响和噪声对鱼类的影响，成鱼受此类影响较小，在受到上述影响时会主动躲避，但仔鱼和鱼卵所受影响较大，但这些影响均为阶段性影响，因此在施工过程中采取合理防护措施，避开鱼类的繁殖季节及卵苗发育的高峰时段，尽可能保护繁殖期的产卵鱼类和卵苗，能将施工的影响降到最低。另外，工程取水会导致取水点下游河流的水文条件发生变化，下游河段水量减少，鱼类栖息生境减少，若能保证下游生态基流，则对鱼类种类组成的影响较小，但将导致渔业资源量下降。同时，施工期间应积极与渔政部门协作加强渔业管理力度，防止电鱼和炸鱼等滥捕行为，加强宣传、教育，减少对该流域鱼类资源的过度捕捞。

（4）对产卵场、索饵场、越冬场的影响

工程建设期间涉及的水泵站建设等仅改变局部河段的生境特征，这些改变对整个流域而言所占比例极小，并不会改变整个流域的水文和生境特征；此外，工程取水将影响取水点下游河段的鱼类栖息生境，原有的产卵场和索饵场将发生变化，但应注意保证生态基流。评价流域没有成规模、固定的产卵场，因而工程建设期间对鱼类产卵场、索饵场、越冬场的影响甚微。也有研究表明，保证生态基流有利于新的鱼类产卵场的形成，但是需要注意保持工程在产卵期的下泄流量稳定，稳定水位，避免因水位变化对既有的产卵场产生破坏，影响鱼类产卵和鱼卵孵化[45]。特别在极端枯水情况下应注意调整作业进度，减少取水量。

6.2.2.1.5　景观影响

（1）视觉景观的影响

施工期将严重破坏征地范围内的地表植被，形成与施工场地周围环境反差较大、不相融的裸地景观，且钻井架、钻井设备进入后，在无山体阻隔的情况下，很远都能看到井架，会对施工场所周围人群的视觉产生极大冲击。此外，由于对地表植被的完全破坏和工程区土壤的扰动，在雨季松散裸露的坡面易形成水土流失，导致区域土壤侵蚀模数增大，对下游植被和水体产生影响，从而对区域景观环境质量产生影响。区块为农村景观和自然景观相混合的区域，大量的施工机械和人员进驻给原有景观增添了不和谐的景色，但钻井平台所在地人口较少，且无重要景点分布，游客很少经过，对于景观的影响也是短暂的，视觉影响在可接受范围。

（2）森林景观的影响

项目占地范围涉及的森林植被多为人工次生林，对森林的影响主要是管道施工造成林地面积减小，小生境的破碎化对依赖这些林地生存的小型野生动物或鸟类产生不利影响。评价范围内森林呈块状或片状不连续分布在坡中部以上地段，林间切割带加剧了景观的不连续性和破碎化，这种影响将长时间存在。管沟开挖产生的临时性廊道阻隔效应，在短时间内会影响物质循环、信息传递与能量的流动，但这种阻隔效应随着管道覆土填埋后将逐渐消失。

（3）农田景观的影响

项目评价范围以农田景观占主导地位，站场占地也以农田景观为主，由于人类的干扰，整个评价范围中原生基质已被农田基质所替代，根据项目评价范围内土地利用现状可知，评价范围农田景观具有较好的结构连接度。施工期临时性占地对农田景观产生的影响属于短期不利影响，这种影响是可逆的，不会改变评价范围内农业生产结构，工程结束后不利影响会很快消失。

项目区农业生产历史久远，景观生态类型呈明显人工和半人工特点，从整个评价范围来看，无论是景观比例还是景观优势度，占据重要位置的景观类型均为人工栽培植被景观，同时该类景观也是受工程建设影响最大的景观。因此，根据项目特点及区域景观类型组成，施工不会影响评价范围优势景观类型，对区域农田景观格局影响很小，对景观功能影响也很小[22]。

6.2.2.1.6　生态系统的影响

根据调查，评价区域内共有 6 种生态系统。评价区内生态系统类型见表 6-17。

表 6–17　威远区块生态系统类型及特征

生态系统类型	面积 /km²	比例 /%
森林生态系统	94.64	17.10
灌丛生态系统	16.88	3.05
人居生态系统	26.35	4.75
草地生态系统	2.64	0.48
水域生态系统	18.37	3.32
农田生态系统	394.62	71.30
合计	553.5	100

从表 6-17 中可以发现，评价区威远区块最占优势的生态系统是农田生态系统，占评价区面积的 71.3%，其次是森林生态系统。

项目占地主要影响对象为农田生态系统和森林生态系统，生态系统的稳定性决定外因对生态体系的影响程度，可以从恢复稳定性和阻抗稳定性两个角度来度量[46]。

（1）自然体系恢复稳定性度量

受区块开发的影响，项目的实施将使区域自然体系的生物量有所减少，平均净生产能力从 855.9 g/（m^2・a）降至 846.9 g/（m^2・a）（表 6-18），仍处于较高水平，因此，对自然体系恢复稳定性的影响不大，是评价区域内自然体系可以接受的。

表 6–18　评价区植被自然生产力变化情况

植被类型	代表群系 / 植物	评价区面积 /km²	占评价范围 /%	平均净生产力 /［g/（m²•a）］	占地面积 /km²	损失生产力 /（kg/a）
针叶林	杉木、马尾松、柏木等	182.93	20.81	602.1[47]	0.64	2 466.2
阔叶林	喜树、马尾松 - 栎类	21.78	2.48	2 469[47]	0.26	6 419.4
竹林	楠竹、慈竹	20.50	3.13	520[47]	0.63	3 276
灌丛	黄荆、马桑灌丛	39.18	4.46	1 095.25[47]	0.94	10 295.35
果林、经济林	板栗、桉树等	9.34	1.06	919.94[47]	0.38	3 495.77
农作物	水稻、玉米、桑树、烟草、豆类等	542.4	61.7	886.2512[46]	3.45	30 575.63
水域	淡水藻类等	23.2	2.64	500[47]	—	—
合计	—	839.33	95.48	855.9	6.3	56 528.35

注：表中未包括建设用地、交通用地 662.8 hm^2。

（2）自然体系阻抗稳定性度量

自然体系阻抗稳定性是通过植被异质性程度的改变程度来度量的，随着区块开发的进程，建设用地明显增多，加剧了人类对自然系统的干扰程度，这对生态系统的阻抗稳定性是不利的，但占地情况显示，项目占用和破坏的土地仅改变了区域内约 10% 面积上的植被，其余大部分区域的植被情况没有发生变化，仍可维持现状。同时在区块开发过程中将实施一系列生态恢复措施，特别是土地复垦措施和植被恢复措施，会使区块自然体系异质化程度有较大的提高，这些都有利于自然体系阻抗稳定性的提高，因此区块开发不会对区域自然系统阻抗稳定性带来大的影响。

6.2.2.1.7　生态敏感区影响

（1）威远穹窿地貌省级自然遗产

①由于威远穹窿地貌省级自然遗产地尚未做规划，本次评价通过实地调研和资料查询，按照保护面积最大化原则，初步划定了保护区和外围保护区。项目威 202 井区 H1、H3 井场位于本次划定的保护区范围内，经 3D 建模分析，评价区无知名的穹窿地貌地，距离最近的非典型穹窿地貌直线距离 850 m 以上，加之山体、植被的阻挡作用，对穹窿地貌的景观敏感度影响不大，对穹窿地貌的整体性影响轻微。

②经调查和回顾性分析，已建成的项目未对穹窿地貌及其他人文、自然景观产生大的影响。

③项目开采的页岩气属于清洁能源，项目建设符合我国“十二五”规划纲要对推进能源多元清洁发展的要求，符合国家产业政策。在严格执行相关措施的情况下，项目不会对穹窿地貌景观造成破坏性影响。从保护遗产地角度而言，项目建设可行。

（2）龙抱山风景区

根据调查，龙抱山风景区范围内暂无钻井平台分布，但是区块开发会增加车辆、施工人员通过风景区的数量，对风景区的景观有一定影响，同时要加强施工期的管理，避免对景区的动植物造成破坏。

6.2.2.1.8　生态用水影响

根据对取水河段的生态用水调查可知，取水点均选择在已形成的库区内，有一定库容可保障用水，根据水库的库容与农灌取水量、项目取水量的分析可知，项目取水对水库影响不大。

6.2.2.2　运行期对生态环境影响

6.2.2.2.1　对土地利用的影响

（1）对耕地的影响

运行期，被永久占用的耕地已转变为建设用地，土地利用性质发生永久性改变，永久占用的耕地面积 57.943 hm^2，占评价区总面积的 0.065%，不会影响土地格局。临时用地在施工结束后采取了复垦措施，会在短时间内恢复土地利用功能，但要恢复到施工前的土地生产力状态，还需一段时间。运行期产生的影响主要为临时占用耕地的理化性质改变，肥力下降，土地生产力下降。但是，这种影响通过人为合理施肥和灌溉等措施后 2～3 年内就可消除。

（2）对林地的影响

站场永久占地损失的林地面积为 3.72 hm^2，占评价区的 0.004%，不会影响林地在评价范围内的分布格局；根据《中华人民共和国石油天然气管道保护法》的相关规定，输气管道线路中心线两侧各 5 m 地域范围内禁止种植乔木、灌木、藤本、芦苇、竹子或其他根系深达管道埋设部位可能损坏管道防腐层的深根植物。因此，运行期管道线路中心线两侧各 5 m 范围内的林地面积将永久消失，被草本层替代，5 m 以外受损的林地则可通过演替或人工造林的方式逐渐恢复。

（3）对立地条件的影响

由于施工机械的碾压和人为践踏往往会破坏林地地被物层，并且造成林地土壤容量增大、变得致密，不仅改变森林水文效应，造成地表径流、增加水土流失，还会影响林地养分循环，进而影响下层植被的生长。砍伐林木、扰动林地土壤必然会对依赖这些生境生存的小型动物或鸟类产生不良影响，尤其是那些在传播种子的动物和鸟类，以及在土壤养分循环中起重要作用的土壤动物和微生物。然而，低强度的干扰也会加速林分从纯林向混交林演替的步伐，提高林分抗病虫害能力。

6.2.2.2.2　对陆生植物的影响

运行期，根据类比分析，站场周边的临时占地范围内的林地植被开始进入恢复阶段，农田作物生长与周边区域也无明显区别。调查也表明，已铺设管线区域植被类型、物种组成及其生长状况与未铺设管线区域没有明显区别。

运行期，井场和站场均设有放散立管，风险状况下，放喷气体燃烧产生的废气和热辐射对植被有一定影响，由于该井不含 H_2S，燃烧废气中不含 SO_2，燃烧废气对植被影响较轻。

6.2.2.2.3　对陆生动物的影响

运行期，对陆生动物的影响主要是站场紧急放空时产生的瞬时强噪声对动物造成的惊吓，项目所在的站场位于农村地区，野生动物均为常见的啮齿类、爬行类、鸟类动物及人工饲养的畜禽，紧急放空只会在事故时发生，且持续时间短，对动物的影响在可接受范围。

6.2.2.2.4　对水生生物的影响

运行期无须从河道取水、也无生产废水排入河道，因此对水生生物的影响很小。

6.2.2.2.5 对生态系统的影响

评价范围的生态系统是个开放的系统，生态系统的结构和功能总是处于不断变化的过程中，生态系统的稳定只是相对的。所谓生态系统的稳定性是指对一个成熟的生态系统而言，系统中的各种变化只要不超出一定的限度，生态系统的结构和功能就不会发生大的变化。

施工期对生态系统的影响是短期、可逆的，不会影响生态系统的结构和功能，在运行期可得到较好的生态恢复，适度的干扰可增加生物多样性，进一步提高生态系统的稳定性。

6.2.2.2.6 对景观的影响

（1）对森林景观的影响

区块开发后，主要影响是管道建设对森林景观造成小尺度破碎化加剧，植被无法恢复成原有森林植被，在当地湿润、多雨的气候条件及人工辅助恢复措施下，会逐渐演替成草本或灌丛植被，形成森林景观中灌丛或草丛植被廊道，不仅不会产生阻隔效应，而且具有生境功能，属于自然斑块，有利于增加区域生物多样性。因此，虽然项目对森林会有一定不利影响，但是施工结束后，随着演替的发生，这种不利影响将减弱并逐渐向有利影响发展。

（2）对农田景观的影响

运行期，站场临时占用的旱地、水田等已恢复原有土地利用状况，原有耕作制度已恢复。科学采取人工培肥、土壤熟化措施，临时性占用的农田土壤肥力很快可以恢复。永久占用的耕地变为建设用地，但是永久占用耕地的比例小，不会改变区域农田景观的格局，也不会改变评价范围内的农业生产结构。

6.3 威远地区页岩气开发水环境承载力

6.3.1 水资源承载力评价

（1）数据来源

本文以 2015 年威远县页岩气开发作为案例进行研究，数据主要来源于水资源公报、统计年鉴、环评报告和相关文献等。其中人均水资源占有量由《2015 年内江市水资源公报》和《2015 年内江市统计年鉴》中的威远县水资源总量和全县人口计算得出。干燥度由《2015 年内江市水资源公报》中的年平均降雨量和威远县人民政府网公布的年平均蒸发量计算得出。水资源开发利用率由《2015 年内江市水资源公报》中的威远县水资源总量和已开发利用水资源量计算得出，生活用水量、万元工业增加值用水量、农业用水量和生态用水量由《2015 年内江市水资源公报》得出，页岩气开发单井用水量、压裂液返排率和页岩气开发规模由《威远页岩气田年产 50 亿 m^3 开发方案环境影响报告书》计算得出（表 6-19）。

表 6-19　威远井区页岩气开发水资源承载力评价指标数据

目标层	准则层（B）		指标层（C）	数据来源
页岩气开发水资源承载力（A）	承载本底	区域水资源丰度指标（B_1）	人均水资源占有量（C_1）	《2015 年内江市水资源公报》《2015 年内江市统计年鉴》
			干燥度（C_2）	《2015 年内江市水资源公报》
			水资源开发利用率（C_3）	《2015 年内江市水资源公报》
	承载状态	社会水资源压力指标（B_2）	生活用水量（C_4）	《2015 年内江市水资源公报》
			生态用水量（C_5）	《2015 年内江市水资源公报》
			万元工业增加值用水量（C_6）	《2015 年内江市水资源公报》
			农业用水量（C_7）	《2015 年内江市水资源公报》
		页岩气开发水资源压力指标（B_3）	页岩气开发单井用水量（C_8）	《威远页岩气田年产 50 亿 m^3 开发方案环境影响报告书》
			压裂液返排率（C_9）	《威远页岩气田年产 50 亿 m^3 开发方案环境影响报告书》
			页岩气开发规模（C_{10}）	《威远页岩气田年产 50 亿 m^3 开发方案环境影响报告书》

（2）评价指标分级

依据威远井区的《2015 年内江市水资源公报》、《2015 年内江市统计年鉴》、页岩气开发项目环评报告和页岩气开发工程分析，确定页岩气开发水资源承载力评价模型中各相关评价指标的数据，同时根据水资源承载力指标划分标准完成指标分级，得到各指标评分表。各指标评分标准见表 6-20，各指标评分见表 6-21。

表 6-20　威远井区页岩气开发水资源承载力评价指标评分标准

指标名称	指标值	推荐评分值
人均水资源占有量（C_1）	2 000～3 000 m^3	7～10
	1 000～2 000 m^3	5～7
	500～1 000 m^3	3～5
	0～500 m^3	1～3

续表

<table>
<tr><th>指标名称</th><th colspan="4">指标值</th><th>推荐评分值</th></tr>
<tr><td rowspan="5">干燥度（C_2）</td><td colspan="2">0～1</td><td colspan="2">湿润</td><td>7～10</td></tr>
<tr><td colspan="2">1～1.5</td><td colspan="2">半湿润</td><td>5～7</td></tr>
<tr><td colspan="2">1.5～4</td><td colspan="2">半干旱</td><td>3～5</td></tr>
<tr><td colspan="2">4～16</td><td colspan="2">干旱</td><td>1～3</td></tr>
<tr><td colspan="2">＞16</td><td colspan="2">极干旱</td><td>1</td></tr>
<tr><td rowspan="3">水资源开发利用率（C_3）</td><td colspan="4">30%～100%</td><td>1～3</td></tr>
<tr><td colspan="4">10%～30%</td><td>3～7</td></tr>
<tr><td colspan="4">0～10%</td><td>7～10</td></tr>
<tr><td rowspan="3">生活用水量（C_4）</td><td colspan="4">≥15 万 m^3/d</td><td>7～10</td></tr>
<tr><td colspan="4">5 万～15 万 m^3/d</td><td>3～7</td></tr>
<tr><td colspan="4">0～5 万 m^3/d</td><td>1～3</td></tr>
<tr><td rowspan="6">生态用水量（C_5）</td><td>海滦河流域 / 亿 m^3</td><td>黄河流域 / 亿 m^3</td><td>海河流域 / 亿 m^3</td><td>山东诸河流域 / 亿 m^3</td><td>推荐评分</td></tr>
<tr><td>＜18.84</td><td>＜2.55</td><td>＜9.33</td><td>＜8.62</td><td>1～3</td></tr>
<tr><td>18.84～32.32</td><td>2.55～5.81</td><td>9.33～19.14</td><td>8.62～17.36</td><td>3～5</td></tr>
<tr><td>32.32～51.56</td><td>5.81～10.67</td><td>19.14～35.80</td><td>17.36～30.89</td><td>5～7</td></tr>
<tr><td>51.56～72.48</td><td>10.67～15.53</td><td>35.80～54.08</td><td>30.89～45.74</td><td>7～9</td></tr>
<tr><td>＞72.48</td><td>＞15.53</td><td>＞54.08</td><td>＞45.74</td><td>9～10</td></tr>
<tr><td rowspan="4">万元工业增加值用水量（C_6）</td><td colspan="4">不应大于全国值的 50%（0～50%）</td><td>1～5</td></tr>
<tr><td colspan="4">不应大于全国值的 60%（50%～60%）</td><td>5～6</td></tr>
<tr><td colspan="4">不应大于全国值的 70%（60%～70%）</td><td>6～7</td></tr>
<tr><td colspan="4">大于 70%（70%～100%）</td><td>7～10</td></tr>
<tr><td rowspan="3">农业用水量（C_7）</td><td colspan="4">≥20 m^3/s</td><td>7～10</td></tr>
<tr><td colspan="4">3～20 m^3/s</td><td>3～7</td></tr>
<tr><td colspan="4">0～3 m^3/s</td><td>1～3</td></tr>
<tr><td>页岩气开发单井用水量（C_8）</td><td colspan="4">24 310～37 770 m^3</td><td>1～10（以实际用水量等比评分）</td></tr>
<tr><td rowspan="4">压裂液返排率（C_9）</td><td colspan="4">＞30%</td><td>10</td></tr>
<tr><td colspan="4">20%～30%</td><td>7～10</td></tr>
<tr><td colspan="4">10%～20%</td><td>3～7</td></tr>
<tr><td colspan="4"><10%</td><td>1～3</td></tr>
</table>

续表

指标名称	指标值	推荐评分值
页岩气开发规模（C_{10}）	≥12 500 口	9～10
	1 250～12 500 口	7～9
	125～1 250 口	5～7
	13～125 口	3～5
	≤13 口	1～3

表 6-21　威远井区页岩气开发水资源承载力评分表

目标层	准则层（B）		指标层（C）	评分
页岩气开发水资源承载力（A）	承载本底	区域水资源丰度指标（B_1）	人均水资源占有量（C_1）	2.37
			干燥度（C_2）	7.45
			水资源开发利用率（C_3）	3.75
	承载状态	社会水资源压力指标（B_2）	生活用水量（C_4）	4.48
			生态用水量（C_5）	1.00
			万元工业增加值用水量（C_6）	10.00
			亩均耕地水资源量（C_7）	2.73
		页岩气开发水资源压力指标（B_3）	页岩气开发单井用水量（C_8）	7.45
			压裂液返排率（C_9）	2.00

（3）评价结果分析

根据页岩气开发水资源承载力评价指标权重（表 6-22）和计算公式得到威远井区页岩气开发水资源承载力结果评分，其中区域水资源丰度指标（B_1）为 2.32，社会水资源压力指标（B_2）为 1.60，页岩气开发水资源压力指标（B_3）为 0.42。根据水资源承载力评价结果可知，威远水资源承载力评分为 0.87，小于 1，根据页岩气开发水资源承载力评估结果分级表 6-23 可知，2015 年威远地区页岩气开发水资源可承载。

表 6-22　页岩气开发水资源承载力评价指标权重

区域水资源丰度指标（B_1）		社会水资源压力指标（B_2）		页岩气开发水资源压力指标（B_3）	
指标	推荐权重	指标	推荐权重	指标	推荐权重
C_1	0.19	C_4	0.11	C_8	0.034
C_2	0.19	C_5	0.08	C_9	0.031
C_3	0.12	C_6	0.1	C_{10}	0.035
—	—	C_7	0.11	—	—
—	—	—	—	—	—

表 6-23　页岩气开发水资源承载力评估结果分级

序号	承载关系		分级
1	超载	CCI＞1	Ⅰ
2	平衡	CCI=1	Ⅱ
3	承载	CCI＜1	Ⅲ

6.3.2　水环境承载力评价

（1）数据处理

本文以 2015 年威远县页岩气开发作为案例进行研究，数据主要来源于水资源公报、环境质量报告书、统计年鉴、环评报告和相关文献等。其中水功能区水质达标率、集中式饮用水水源地水质达标率、水体规模、单位工业产值废水排放量、万元 GDP 废水排放量、工业废水排放达标率和城市污水处理率，由《2015 年内江市水资源公报》和《2015 年内江市环境质量报告书》得出，水环境容量承载率由《釜溪河流域控制单元水体达标方案》计算获得。页岩气开发单井污水排放量、污水排放浓度和压裂返排液的回用率由《威远页岩气田年产 50 亿 m^3 开发方案环境影响报告书》计算得出。威远井区页岩气开发水环境承载力评价指标数据见表 6-24。

表 6-24　威远井区页岩气开发水环境承载力评价指标数据

目标层	准则层（J）		指标层（E）	数据来源
页岩气开发水环境负荷与环境承载力评价（S）	承载本底	区域水环境承载力指标（J_1）	水功能区水质达标率（E_1）	《2015 年内江市水资源公报》 《2015 年内江市环境质量报告书》
			集中式饮用水水源地水质达标率（E_2）	《2015 年内江市水资源公报》 《2015 年内江市环境质量报告书》
			水体规模（E_3）	《2015 年内江市水资源公报》 《2015 年内江市环境质量报告书》
			水环境容量承载率（E_4）	《釜溪河流域控制单元水体达标方案》
	承载状态	区域水环境压力指标（J_2）	单位工业产值污染物废水排放量（E_5）	《2015 年内江市水资源公报》 《2015 年内江市环境质量报告书》
			单位 GDP 废水排放量（E_6）	《2015 年内江市水资源公报》 《2015 年内江市环境质量报告书》
			工业废水排放达标率（E_7）	《2015 年内江市水资源公报》 《2015 年内江市环境质量报告书》
			城市污水处理率（E_8）	《2015 年内江市水资源公报》 《2015 年内江市环境质量报告书》

续表

目标层	准则层（J）		指标层（E）	数据来源
页岩气开发水环境负荷与环境承载力评价（S）	承载状态	页岩气开发水环境压力指标（J_3）	页岩气开发单井污水排放量（E_9）	《威远页岩气田年产 50 亿 m^3 开发方案环境影响报告书》
			污水排放浓度（E_{10}）	《威远页岩气田年产 50 亿 m^3 开发方案环境影响报告书》
			压裂返排液的回用率（E_{11}）	《威远页岩气田年产 50 亿 m^3 开发方案环境影响报告书》

（2）评价指标分级

依据威远井区的《2015 年内江市水资源公报》、《2015 年内江市统计年鉴》《2015 年内江市环境质量报告书》、《釜溪河流域控制单元水体达标方案》、页岩气开发项目环评报告和页岩气开发工程分析，确定页岩气开发水环境承载力评价模型中各相关评价指标数据，同时根据水环境承载力指标划分标准完成指标分级，各指标评分标准见表 6-25，各指标数值评分见表 6-26。

表 6-25　威远井区页岩气开发水环境承载力评价指标评分标准

指标名称	指标值		推荐评分值
水功能区水质达标率（E_1）	75%～100%		7～10
	60%～75%		4～7
	0～60%		0～4
集中式饮用水水源地水质达标率（E_2）	80%～100%		9～10
	60%～80%		7～9
	40%～60%		5～7
	20%～40%		3～5
	＜20%		1～3
水体规模（E_3）	大河	≥150 m^3/s	7～10
	中河	15～150 m^3/s	3～7
	小河	<15 m^3/s	1～3
水环境容量承载率（E_4）	0～1		10～1
单位工业产值污染物废水排放量（E_5）	0～0.5 kg/（10^4 元）		1～3
	0.5 ～2 kg/（10^4 元）		3～7
	≥2 kg/（10^4 元）		7～10
万元 GDP 废水排放量（E_6）	0～10 t/（10^4 元）		1～3
	10～20 t/（10^4 元）		3～7
	≥20 t/（10^4 元）		7～10

续表

指标名称	指标值	推荐评分值
工业废水排放达标率（E_7）	≥80%	1
	75%～80%	1～4
	70%～75%	4～7
	65%～70%	7～10
	0～65%	10
城市污水处理率（E_8）	90%～100%	1～3
	70%～90%	3～7
	0～70%	7～10
页岩气开发单井污水排放量（E_9）	≥20 000 m^3/d	7～10
	200～20 000 m^3/d	3～7
	≤200 m^3/d	1～3
污水排放浓度（E_{10}）	Ⅰ	1～3
	Ⅱ	3～5
	Ⅲ	5～7
	Ⅳ	7～9
	Ⅴ	9～10
压裂返排液的回用率（E_{11}）	85%～100%	1～10（以实际回用率等比评分）

表 6-26　威远井区页岩气开发水环境承载力评分

目标层	准则层（J）		指标层（E）	评分
页岩气开发水环境负荷与环境承载力评价（S）	承载本底	区域水环境承载力指标（J_1）	水功能区水质达标率（E_1）	3.33
			集中式饮用水水源地水质达标率（E_2）	10.00
			水体规模（E_3）	8.80
			水环境容量承载率（E_4）	0
	承载状态	区域水环境压力指标（J_2）	单位工业产值污染物废水排放量（E_5）	7.00
			单位 GDP 废水排放量（E_6）	7.88
			工业废水排放达标率（E_7）	4.00
			城市污水处理率（E_8）	5.00
		页岩气开发水环境压力指标（J_3）	页岩气开发单井污水排放量（E_9）	1.00
			污水排放浓度（E_{10}）	10.00
			压裂返排液的回用率（E_{11}）	1.50

（3）评价结果分析

根据页岩气开发水资源承载力评价指标权重（表 6-27）和计算公式，得到威远井区页岩气开发水环境承载力结果评分，其中区域水环境承载力指标（J_1）为 2.067 7、区域水环境压力指标（J_2）为 1.502 8、页岩气开发水环境压力指标（J_3）为 1.095。根据水环境承载力评价结果可知，威远水环境承载力评分为 1.26>1，页岩气开发水环境超载（表 6-28）。根据相关资料可知，页岩气开采产生的所有废水均不外排，因此对周围的地表水环境影响较小。

表 6-27　威远井区页岩气开发水环境承载力评价指标权重

区域水环境承载力指标（J_1）		区域水环境压力指标（J_2）		页岩气开发水环境压力指标（J_3）	
指标	推荐权重	指标	推荐权重	指标	推荐权重
E_1	0.09	E_5	0.07	E_9	0.09
E_2	0.08	E_6	0.06	E_{10}	0.09
E_3	0.11	E_7	0.06	E_{11}	0.07
E_4	0.22	E_8	0.06	—	—

表 6-28　页岩气开发水环境承载力评估结果分级

序号	承载关系		分级
1	超载	$CCI>1$	Ⅰ
2	平衡	$CCI=1$	Ⅱ
3	承载	$CCI<1$	Ⅲ

6.3.3　综合评价结果分析

页岩气开发水环境负荷与环境承载力综合评估结果需要综合考虑水资源承载力评估和水环境承载力评估。为简明、扼要、直观地体现页岩气开发对水资源和水环境的耦合影响，采用矩阵法将两者结合，来完成页岩气开发水环境负荷与环境承载力有效评估。

表 6-29　页岩气开发水环境负荷与环境承载力评估分级

页岩气开发水环境负荷与环境承载力评估		页岩气开发水环境承载力评估		
		承载	平衡	超载
页岩气开发水资源承载力评估	承载	承载	承载	超载
	平衡	平衡	平衡	超载
	超载	超载	超载	超载

表 6-30 页岩气开发水环境负荷与环境承载力评估风险

$CCI_{水资源}$/$CCI_{水环境}$	$CCI_{综合}$	$CCI_{水资源}$/$CCI_{水环境}$	$CCI_{综合}$	$CCI_{水资源}$/$CCI_{水环境}$	$CCI_{综合}$
承载 / 承载	轻度	平衡 / 平衡	一般	平衡 / 超载	重度
平衡 / 承载	较轻	承载 / 超载	重度	超载 / 平衡	重度
承载 / 平衡	较轻	超载 / 承载	重度	超载 / 超载	严重

根据页岩气开发水环境负荷与环境承载力评估分级表（表 6-29 和表 6-30）确定研究区水资源与水环境承载力综合评价结果，威远页岩气开发区水环境承载力超载，评估风险等级为重度。

6.3.4 基于水环境承载力的页岩气开发规模

6.3.4.1 基于水资源承载力的页岩气开发规模

（1）供水模块

根据前文页岩气开发水资源供水模块量化方法和《2015 年内江市水资源公报》，计算威远地区水资源总量，见表 6-31。

表 6-31 威远水资源量

行政分区	地表水资源总量 / 万 m^3	地下水资源总量 / 万 m^3	重复计算量 / 万 m^3
威远县	28 857	3 665	3 665

目前威远地区页岩气开发主要用水为地表水，因此供水量只分析研究区地表水资源量，即供水量为 28 857 万 m^3。而威远开发区用水需要遵循当地政府要求，根据《四川省人民政府办公厅关于实行最严格水资源管理制度考核办法的通知》（川办发〔2014〕27 号）对各地市州用水总量的要求，内江市 2015 年、2020 年、2030 年用水总量控制指标分别为 9.9 亿 m^3、13.1 亿 m^3、13.6 亿 m^3。而《内江市人民政府办公室关于下达水资源管理控制指标的通知》（内府办发〔2014〕54 号）对内江市各区县用水总量要求是威远县 2015 年、2020 年、2030 年用水总量控制指标分别为 2.09 亿 m^3、2.59 亿 m^3、2.85 亿 m^3。

（2）用水模块

根据前文中页岩气开发水资源用水模块量化方法、《2015 年内江市水资源公报》和《2015 年内江市统计年鉴》，计算威远地区生活用水、农业用水、工业用水和生态用水量，结果见表 6-32。

表 6-32　威远用水量

行政分区	生活用水 / 万 m^3	农业用水 / 万 m^3	工业用水 / 万 m^3	生态用水 / 万 m^3	地表水用水 / 万 m^3	地下水用水 / 万 m^3
威远县	3 179.4	8 166.77	8 296.43	348.14	19 113.83	576.78

（3）页岩气可用水量

根据供水模块的水资源总量和用水模块的用水量，计算得到 2015 年页岩气开发可利用水量，约为 0.12 亿 m^3。根据显示，页岩气单井用水约为 3.24 万 m^3，返排率平均为 25%，因此单井新鲜用水约为 2.43 万 m^3。根据时间序列法（arma 模型）预测 2020 年和 2030 年页岩气可利用水量为 0.58 亿 m^3 和 0.86 亿 m^3。

6.3.4.2　基于水环境承载力页岩气开发规模

根据《2015 年内江市水资源公报》、《2015 年内江市统计年鉴》和《釜溪河流域控制单元水体达标方案》得到威远县页岩气开发区水环境承载力计算数据。结合 4.2 节中页岩气开发水环境承载力量化方法，完成基于水环境承载力页岩气开发规模研究。

（1）控制单元划分

综合流域汇水特征、评价断面、行政区划等因素，将威远地区的河流划分为 8 个控制单元，包括威远河上游水源地控制单元、新场河控制单元、威远河干流一段控制单元、达木河控制单元、威远河干流二段控制单元、龙会河控制单元、威远河干流三段控制单元和大安威远共管控制单元，具体断面信息见表 6-33。

表 6-33　威远县流域控制单元划分结果

序号	控制单元	河流名称	水质目标	控制断面
1	威远河上游水源地控制单元	威远河	Ⅲ类	葫芦口
2	新场河控制单元	新场河	Ⅲ类	两河口
3	威远河干流一段控制单元	威远河	Ⅳ类	罗家坝
4	达木河控制单元	达木河	Ⅳ类	漫水桥
5	威远河干流二段控制单元	威远河	Ⅳ类	鸭子滩
6	龙会河控制单元	龙会河	Ⅳ类	梨儿棚
7	威远河干流三段控制单元	威远河	Ⅳ类	廖家堰
8	大安威远共管控制单元	威远河	Ⅳ类	双河口

（2）模型参数确定

本次控制因子主要为 COD，根据原环保部公布的《“十三五”期间水质需改善控制单元信息清单》（公告 2016 年第 44 号），廖家堰水质目标为Ⅴ类，其余断面以水环境功能区相应环境质量类别的上限值为水质目标值，执行国家《地表水环境质量标准》（GB 3838—2002）。本地浓度以上游水库出水实测水质浓度作为河流本地浓度。根据中国水文年鉴，确定各个流域单元的长度、流量与流速。根据国家水环境容量核定技术导则规定，确定 COD 降解系数，见表 6-34 和表 6-35。

表 6-34　威远流域断面水环境和水文参数

序号	控制单元	河流名称	区间距离 /km	流速 /（m/s）	总流量 /（m^3/s）	水质目标	控制断面
1	威远河上游水源地控制单元	威远河	18.98	0	0	Ⅲ	葫芦口
2	新场河控制单元	新场河	11.39	0.19	0.19	Ⅲ	两河口
3	威远河干流一段控制单元	威远河	4.11	0.05	0.24	Ⅳ	罗家坝
4	达木河控制单元	达木河	1.29	0.12	0.36	Ⅳ	漫水桥
5	威远河干流二段控制单元	威远河	4.69	0.06	0.65	Ⅳ	鸭子滩
6	龙会河控制单元	龙会河	5.96	0.15	0.8	Ⅳ	梨儿棚
7	威远河干流三段控制单元	威远河	4.62	0.11	0.91	Ⅳ	廖家堰
8	大安威远共管控制单元	威远河	14.92	0.09	1.00	Ⅳ	双河口

表 6-35　降解系数的选取

序号	流速 /（m/s）	COD 降解系数
1	0.05～0.1	0.1
2	0.1～0.2	0.15
3	≥0.2	0.2

（3）水环境容量测算

威远河上游水源地控制单元为一级饮用水水源保护区，原则上不允许排污，依据 90% 保证率最苦月设计流量水文条件和 4.2 节中水环境容量测算方法对威远地区水环境容量进行测算，允许排污量为 917.7 t/a，计算结果见表 6-36。

表 6-36　威远各控制单元水环境容量

序号	控制单元	COD/（t/a）
1	威远河上游水源地控制单元	0
2	新场河控制单元	120.5
3	威远河干流一段控制单元	149.3
4	达木河控制单元	137.8
5	威远河干流二段控制单元	0

续表

序号	控制单元	COD/（t/a）
6	龙会河控制单元	193.2
7	威远河干流三段控制单元	176.8
8	大安威远共管控制单元	140.1

（4）排污量计算

根据《2015 年内江市统计年鉴》可知，威远县 2015 年 COD 排污量 9 028t。

（5）剩余容量

根据《釜溪河流域控制单元水体达标方案》中的威远县水环境允许排污量和《2015 年内江市统计年鉴》得到的排污量，计算威远县剩余环境容量为 -8 110.3 t，没有环境容量。因此威远地区页岩气开发不允许向周边河流排放废水。

6.4　威远地区页岩气开发生态环境承载力

6.4.1　页岩气开发土地资源承载力评价

（1）数据来源

根据威远县土地规划、威远县统计年鉴和相关文献，获得页岩气开发土地资源承载力评价数据。页岩气开发土地资源承载力评价主要包含页岩气开发建设用地压力状态指数和耕地开发压力状态指数，其中页岩气开发建设用地压力状态指数包括页岩气用地现状开发程度和页岩气用地匹配程度，耕地开发压力状态指数包括人均耕地生产能力和耕地开发利用程度。具体数据见表 6-37。

表 6-37　页岩气开发土地资源承载力评价数据

序号	名称	数值
1	页岩气开发现状建设用地总面积	0.468 km^2
2	页岩气适宜建设区面积	310.91 km^2
3	评价区域土地总面积	1 299.39 km^2
4	页岩气现状建设用地中位于适宜开发内的面积	0.067 2 km^2
5	页岩气建设开发程度阈值	25%
6	研究区耕地面积	617.94 km^2
7	研究区耕地对应的粮食生产当量	0.625 kg/m^2
8	评价区常住人口	712 341 人
9	人均耕地生产能力阈值	400 kg/（人・a）

（2）土地资源承载力评价

根据 5.1 节中页岩气开土地资源承载力评级方法，结合表 6-37 中的数据，计算得到页岩气开发建设用地压力状态指数为 −0.994＜0，评价状态为可载；耕地开发压力状态指数为 0.191＞0，评价状态为可载，页岩气建设开发与耕地开发两者均为可载，即判定威远县页岩气开发土地资源承载力基础状态为可载。

6.4.2 页岩气开发生态环境状况评估

生态环境状况指数（*EI*）=0.35×生物丰度指数+0.25×植被覆盖指数+0.15×水网密度指数+0.15×（100−土地胁迫指数）+0.10×（100−污染负荷指数）+环境限制指数　　（6-1）

（1）生物丰度指数计算方法

①计算方法

$$生物丰度指数=（BI+HQ）/2 \tag{6-2}$$

式中，*BI*——生物多样性指数，评价方法执行标准 HJ 623—2011；

HQ——生境质量指数，当生物多样性指数没有动态更新数据时，生物丰度指数变化等于生境质量指数的变化。

②生境质量指数计算方法

生境质量指数中各生境类型的分权重，见表 6-38。

生境质量指数=A_{bio}×（0.35×林地面积+0.21×草地面积+0.28×水域湿地面积+0.11×耕地面积+0.04×建设用地面积+0.01×未利用地面积）/区域面积（6-3）

式中，A_{bio}——生境质量指数的归一化系数，参考值为 511.264 213 106 7。

（2）植被覆盖指数计算方法

$$植被覆盖指数=NDVI_{区域均值}=A_{veg}\times\left(\frac{\sum_{i=1}^{n}P_i}{n}\right) \tag{6-4}$$

式中，P_i——5—9 月象元 *NDVI* 月最大值的均值，建议采用 MOD13 的 *NDVI* 数据（空间分辨率 250 m）或者分辨率和光谱特征类似的遥感影像产品；

n——区域象元数；

A_{veg}——植被覆盖指数的归一化系数，参考值为 0.012 116 512 4。

表 6-38　生境质量指数各生境类型分权重

	林地			草地			水域湿地				耕地		建设用地			未利用地				
权重	0.35			0.21			0.28				0.11		0.04			0.01				
结构类型	有林地	灌木林地	疏林地和其他林地	高覆盖度草地	中覆盖度草地	低覆盖度草地	河流（渠）	湖泊（库）	滩涂湿地	永久性冰川雪地	水田	旱地	城镇建设用地	农村居民点	其他建设用地	沙地	盐碱地	裸土地	裸岩石砾	其他未利用地
分权	0.60	0.25	0.15	0.60	0.30	0.10	0.10	0.30	0.50	0.10	0.60	0.40	0.30	0.40	0.30	0.20	0.30	0.20	0.20	0.10

（3）水网密度指数计算方法

1）计算方法

水网密度指数 =［A_{riv}× 河流长度 / 区域面积 +A_{lak}× 水域（湖泊、水库、河渠和近海）面积 / 区域面积 +A_{res}× 水资源量 */ 区域面积］/3 （6-5）

式中，A_{riv}——河流长度的归一化系数，参考值为 84.370 408 398 1；

A_{lak}——水域面积的归一化系数，参考值为 591.790 864 200 5；

A_{res}——水资源量的归一化系数，参考值为 86.386 954 828 1。

2）水资源量计算方法

$$水资源量^{*}=\begin{cases} 水资源量 & \dfrac{水资源量}{水资源量_{年平均值}}\leqslant 1.4 \\ 水资源量_{年平均值}\times\left(2.4-\dfrac{水资源量}{水资源量_{年平均值}}\right) & 1.4<\dfrac{水资源量}{水资源量_{年平均值}}<2.4 \\ 0 & \dfrac{水资源量}{水资源量_{年平均值}}\geqslant 2.4 \end{cases} \quad (6\text{-}6)$$

（4）土地胁迫指数计算方法

1）权重

土地胁迫指数分权重见表 6-39。

表 6-39 土地胁迫指数分权重

类型	重度侵蚀	中度侵蚀	建设用地	其他土地胁迫
权重	0.4	0.2	0.2	0.2

2）计算方法

土地胁迫指数 =A_{ero}×（0.4× 重度侵蚀面积 +0.2× 中度侵蚀面积 +0.2× 建设用地面积 +0.2× 其他土地胁迫）/ 区域面积 （6-7）

式中，A_{ero}——土地胁迫指数的归一化系数，参考值为 236.043 567 794 8。

（5）污染负荷指数计算方法

1）权重

污染负荷指数的分权重见表 6-40。

表 6-40 污染负荷指数分权重

类型	化学需氧量	氨氮	二氧化硫	烟（粉）尘	氮氧化物	固体废物	总氮等其他污染物 [a]
权重	0.20	0.20	0.20	0.10	0.20	0.10	待定

注：（a）总氮等其他污染物的权重和归一化系数将根据污染物类型、特征和数据可获得性与其他污染负荷类型进行统一调整。

2）计算方法

$$
\begin{aligned}
\text{污染负荷指数} = & 0.20\times A_{\mathrm{COD}}\times \text{COD 排放量 / 区域年降水总量}\\
& +0.20\times A_{\mathrm{NH_3}}\times \text{氨氮排放量 / 区域年降水总量}\\
& +0.20\times A_{\mathrm{SO_2}}\times \mathrm{SO_2}\text{ 排放量 / 区域面积}\\
& +0.10\times A_{\mathrm{YFC}}\times \text{烟（粉）尘排放量 / 区域面积}\\
& +0.20\times A_{\mathrm{NO}_x}\times \text{氮氧化物排放量 / 区域面积 } 0.10\\
& \times A_{\mathrm{SOL}}\times \text{固体废物丢弃量 / 区域面积}
\end{aligned}
\qquad (6\text{-}8)
$$

式中，A_{COD}——COD 的归一化系数，参考值为 4.393 739 728 9；

$A_{\mathrm{NH_3}}$——氨氮的归一化系数，参考值为 40.176 475 498 6；

$A_{\mathrm{SO_2}}$——SO_2 的归一化系数，参考值为 0.064 866 028 7；

A_{YFC}——烟（粉）尘的归一化系数，参考值 4.090 445 932 1；

A_{NO_x}——氮氧化物的归一化系数，参考值 0.510 304 927 8；

A_{SOL}——固体废物的归一化系数，参考值为 0.074 989 428 3。

（6）环境限制指数

环境限制指数是生态环境状况的约束性指标，该指数根据区域内出现的严重影响人居生产生活安全的生态破坏和环境污染事项，如重大生态破坏、环境污染和突发环境事件等，对生态环境状况类型进行限制和调节[48]，见表 6-41。

表 6-41　环境限制指数约束内容

<table>
<tr><th colspan="2">分类</th><th>判断依据</th><th>约束内容</th></tr>
<tr><td rowspan="4">突发环境事件</td><td>特大环境事件</td><td rowspan="4">按照《突发环境事件应急预案》，区域发生人为因素引发的特大、重大、较大或一般等级的突发环境事件，若评价区域发生一次以上突发环境事件，则以最严重等级为准</td><td rowspan="2">生态环境不能为“优”和“良”，且生态环境质量级别降 1 级</td></tr>
<tr><td>重大环境事件</td></tr>
<tr><td>较大环境事件</td><td rowspan="2">生态环境级别降 1 级</td></tr>
<tr><td>一般环境事件</td></tr>
<tr><td rowspan="4">生态破坏、环境污染</td><td>环境污染</td><td rowspan="2">存在环境保护主管部门通报的或国家媒体报道的环境污染或生态破坏事件（包括公开的环境质量报告中的超标区域）</td><td rowspan="2">存在国家生态环境部通报的环境污染或生态破坏事件，生态环境不能为“优”和“良”，且生态环境级别降 1 级；若发生其他类型的环境污染或生态破坏事件，生态环境级别降 1 级</td></tr>
<tr><td>生态破坏</td></tr>
<tr><td>生态环境违法案件</td><td>存在环境保护主管部门通报或挂牌督办的生态环境违法案件</td><td>生态环境级别降 1 级</td></tr>
<tr><td>被纳入区域限批范围</td><td>被环境保护主管部门纳入区域限批的区域</td><td>生态环境级别降 1 级</td></tr>
</table>

（7）生态环境状况分级

根据生态环境状况指数，将生态环境分为5级，即优、良、一般、较差和差，见表6-42。

表6-42　生态环境状况分级

级别	优	良	一般	较差	差
指数	*EI*≥75	55≤*EI*<75	35≤*EI*<55	20≤*EI*<35	*EI*<20
描述	植被覆盖度高，生物多样性丰富，生态系统稳定	植被覆盖度较高，生物多样性较丰富，适合人类生活	植被覆盖度中等，生物多样性一般，较适合人类生活，但有不适合人类生活的制约性因子出现	植被覆盖较差，严重干旱少雨，物种较少，存在着明显限制人类生活的因素	条件较恶劣，人类生活受到限制

（8）评价结果

根据以上公式，对威远县页岩气开发区进行生态环境状况评价，得到威远县页岩气开发生态环境状况评价结果为59.550 62，评价分级为良。

6.4.3　页岩气开发生态环境负荷与环境承载力

6.4.3.1　评价指标的标准化

6.4.3.1.1　指标数据的获取

研究区域页岩气开采区生态承载力的评价指标数据的来源主要有三种：一是采用实地监测数据，如页岩气储量等指标数据的获取；二是采用卫星遥感数据计算，如土壤侵蚀模数、年>10℃积温、植被覆盖率等指标数据；三是通过建设项目环境影响报告、研究区域相关文献资料、研究区域政府部门网站的多年统计资料等获得数据。

6.4.3.1.2　指标标准化

首先对案例区生态环境承载力指标体系进行标准化，具体见表6-43。

表6-43　威远区域生态承载力综合评价指标标准化结果

序号	评价因子	现状统计值	标准化结果
1	年平均降雨量	743.9 mm	0.92
2	年无霜期	329 d	0.99
3	年干燥度	25.74	0.99
4	植被覆盖率	38.20%	0.45
5	土壤侵蚀模数	5 657 t/（km^2·a）	0.29
6	平均海拔	＜1 000 m	1

续表

序号	评价因子	现状统计值	标准化结果
7	坡度	2.8°	0.97
8	土地生产力	9 155.8 kg/hm^2	1
9	人均耕地面积	0.14 hm^2/ 人	0.36
10	页岩气地质储量	5.19 × 10^8 m^3	0.61
11	页岩气单井稳产量	16.00 × 10^4 m^3/d	1
12	生活垃圾消纳能力	0.12	0.88
13	工业垃圾消纳能力	0.11	0.89
14	人口自然增长率	0.16%	0.07
15	工业生产总值增长率	13.6%	0.76
16	页岩气开发占地与农田总面积比值	0.0159	0.0159
17	钻井岩屑产量综合利用率	70%	0.3

6.4.3.2　评价指标的计算与分析评价

根据各指标的权重和标准化结果，计算研究区域生态系统弹性力、资源—环境承载力和生态系统压力指标的值，见表 6-44。

表 6-44　页岩气开发生态环境承载力指标值

目标层			准则层		指标层		综合权重	评分
名称		权重	名称	权重	名称	权重		
生态系统支持力	生态系统弹性力	0.5	气候	0.276 4	年平均降雨量	0.378	0.052 239 6	0.65
					年无霜期	0.289	0.039 939 8	
					年干燥度	0.333	0.046 020 6	
			植被	0.329 2	植被覆盖率	1	0.164 6	
			土壤	0.223 6	土壤侵蚀模数	1	0.111 8	
			地形地貌	0.170 8	平均海拔	0.45	0.038 43	
					坡度	0.55	0.046 97	
	资源—环境承载力	0.5	土地资源因素	0.333	土地生产力	0.475	0.079 087 5	0.69
					人均耕地面积	0.525	0.087 412 5	
			页岩气资源因素	0.367	页岩气地质储量	0.55	0.100 925	
					页岩气单井稳产量	0.45	0.082 575	
			土壤环境因素	0.3	工业废物消纳能力	0.45	0.067 5	
					生活垃圾消纳能力	0.55	0.082 5	

续表

目标层		准则层		指标层		综合权重	评分
名称	权重	名称	权重	名称	权重		
生态系统压力		社会经济发展	0.5	人口自然增长率	0.525	0.262 5	0.27
				工业生产总值增长率	0.475	0.237 5	
		页岩气开发压力	0.5	页岩气开发占地与农田总面积比值	0.525	0.262 5	
				钻井岩屑产量综合利用率	0.475	0.237 5	

通过计算得到生态系统弹性力为0.65，评估等级为较稳定，说明当该研究区域的自然生态系统遇到外界因素的干扰时，具有潜在的支持力，其自我恢复与更新能力处于较稳定水平。资源—环境承载力为0.69，属于较高承载状态，说明该研究区域的整体资源和环境比较不错，生态系统供给的资源相当丰富，比较适合资源的开发，并且环境的容量和承载能力也比较大。

计算得到生态系统压力为0.27。生态系统承压度为0.41，小于1，评估结果为承载低负荷。整体的资源比较丰富、环境较好，生态系统承压能力较强，适合页岩气的开发。

6.5 防治措施与对策

6.5.1 水环境防治措施与对策

国内页岩气资源的勘探开采属于起步阶段，面对水资源与水环境压力，应该避免“末端治理，末端管理”的思想，并要求将页岩气资源的勘探评估与区域水资源规划和环境影响评估等结合在一起综合评估开采的可行性[50]。同时，为保证页岩气的绿色开发，提出以下防治措施与对策建议：

（1）建立健全水环境监管法律法规体系，制定相关污染物控制标准及规范

我国拥有相对完善的水环境保护法律法规，如《环境保护法》、《水法》及《水污染防治法》等。根据这些法律法规，可以对页岩气开采进行监管，但是这些法律法规没有与页岩气开采的时序性及用水特征匹配的内容。此外，我国缺乏对化学用料的有效评估和监管措施。对页岩气这一非常规天然气的开采而言，水力压裂技术是关键，水力压裂液的成分被很多公司定义为商业秘密，并不对外公布。但是压裂液中的化学成分相当复杂，如果这些化学物质因操作不当而渗透到水源中，会造成

无法预测的危害。因此，需要出台针对性较强的法律法规，通过立法来制约页岩气开采对环境的破坏。

我国在常规能源开采上制定了相应的污染物排放控制标准及规范，如《海洋石油开发工业含油污水排放标准》、《陆上石油天然气开采工业污染物排放标准》及《采油废水治理工程技术规范》等；部分地区制定了地方标准与规范，如陕西省《石油开采废水排放标准》、黑龙江省《废弃钻井液处置规范》等。而针对页岩气的开采，各类污染物的排放均没有一个统一的标准或者处置规范来监督，因此，需要制定严格的标准规范来指引页岩气开采过程中的水环境保护。

（2）推动废水处理工艺技术

在借鉴国外处理技术的基础上，针对页岩气开采过程产生的各类废水的特殊性，加强自主研发符合国内开采现状的废水循环利用和达标排放处理工艺，为降低水资源消耗和控制水污染提供技术支撑。

（3）注意页岩气开发水资源消耗问题

以节约水资源为基础，探索新的压裂技术。水力压裂技术耗水量大，因此对水资源的需求量以及对地表水和地下水的威胁也较大。为了改变这一现状，可以探索新的压裂技术，如用水量少的混合压裂技术以及纤维压裂、通道压裂、干法压裂、液化石油气压裂等无水技术。这些压裂技术能够解决国内水资源匮乏、压裂液处理技术烦琐等问题，还能在施工时减少清水压裂铺砂不到位、强滤失、易脱砂等问题，提高页岩气的产量[51]。尤其是液化石油气压裂，具有携砂量大、造缝能力强、对地层无伤害、返排时间短及完全返排等特点，应重点研究。

（4）定期开展水环境监测工作

页岩气开采过程中应定期开展环境监测和评估，加强对各类废水排放量及污染物浓度的监管，并定期监测地表水和地下水中可能存在的污染情况，评估页岩气开采对水环境风险，确保开采过程中不会因水环境事故而影响周边居民的生产和生活。

（5）加强环境信息公开

无论作业者使用哪种处理或处置方法来管理页岩气废水，都应根据要求公开披露所采用材料的化学成分及废弃物的最终去处。提高环境保护标准，加大公众与舆论的参与和监督力度，坚持油气开发与环境保护并举，真正实现社会经济与生态环境的可持续协调发展。

6.5.2　生态环境保护措施

根据页岩气项目建设特点及对生态环境影响分析，提出以下生态环境保护措施[20]。

6.5.2.1 土地利用格局的保护与措施

（1）合理选址

井场选址、站场选址、管道选线应尽量避开生态敏感区，占地尽量不占或少占水田、水浇地、园地等高产田，尤其是尽量不占用当地基本农田。

（2）严格控制土地占用

减少井场占地面积，尤其是施工营地，可利用村镇空置房屋、场地，不占用或少占用耕地、园地；井场道路尽量依托当地道路，或在当地道路基础上进行扩建；管线的施工便道及堆管场等尽量不占或少占耕地、园地。

（3）土壤保护措施

对于耕作土壤，应按照表土层、心土层和底土层堆放，分层回填，减少因施工生土上翻，表土层养分损失。同时，要避免间断覆土造成的土层不坚实形成的水土流失等问题。对于林地，要按照森林土壤剖面分层开挖、分层堆放、分层回填，减少因施工对立地条件的影响。

（4）恢复土地利用原有格局

①施工结束后，临时占地应及时恢复地貌原状，尽快使土壤恢复生产力，同时减少水土流失。

②对管沟回填后多余的土石严禁大量集中弃置，应均匀分散在管线中心两侧，并使管沟与周围自然地表形成平滑过渡，不得形成汇水环境，防止水土流失。管线所经地段的原始地表存在局部凹地时，若有集水的可能，需采用管沟多余土或借土填高以防地表水汇集。对敷设在较平坦地段的管道，地貌恢复后应使管沟与附近地表自然过渡，回填土与周围地表坡向保持一致，严禁在管沟两侧有集水环境存在。

③道路施工中挖填土方尽量实现自身平衡。若要取土，则就近取两侧土为宜，若有弃土要堆放在天然洼地中，并予平整，避免形成小土丘。路基加固处理所需砂砾石尽量就近取材。对管线修筑过程中产生的弃土区及取土、取沙砾料区都要平整，然后洒上一次水，再让其自然恢复。各站场地面设施施工过程中产生的挖填方也应尽量自身平衡，若有弃土或取土，也要对其区域进行平整及地面绿化或铺上一层砾石。

6.5.2.2 植被保护措施

项目施工对植被的影响是不可避免的，根据施工工艺以及对植被所带来影响的不同，制定相应的避让、减缓或补偿措施，将施工对植被的影响降至最低，保护植物群落，维持陆地生态系统的稳定性。

（1）避让措施

在设计和施工过程中尽量避开覆盖度较高的森林植被，以减少对森林植被的永久破坏。

（2）植物保护措施

①施工过程中，对开挖地带的植被及表土就近保存、培植。对于管线工程施工，每段结束后，应立即进行植被重建。根据现场踏勘，没有发现需要特别保护的树种，在具体施工中，如发现特别需保护的树种并且无法避让时，应进行移栽。

②加强施工人员的环保意识，不随意砍伐植物，在开挖的工程中，如发现有国家重点保护植物要报告当地环保部门，立即组织挽救，移栽他处。

③合理安排施工时序、季节，施工期，施工最好选择农闲期或已收获后的耕地，根据沿线大田作物栽种情况合理安排施工时序、时间。

（3）植被恢复措施

在施工结束后，及时采取植被恢复措施。①因地制宜原则。对造林种草地类进行立地条件分析，布置合适的林草种类，并重点做好原为荒地、林草地的工程建设区的植被恢复工作。②择优选择原则。主要选择优良的乡土树种和已经适生的引进树草种等；应符合绿化美化与水土流失治理相结合的原则。③保障管道安全的原则。严格执行管道保护有关条例，管道中心线左右 5 m 范围内不得种植深根植物。

（4）植被影响的补偿

森林植被影响的补偿可分为异地补偿和就地补偿。对于那些在项目永久占地及临时占地无法恢复的森林植被进行异地补偿，补偿标准可参照国家森林和林地相关法律法规。

6.5.2.3　陆生动物与水生生物的保护

为了保护评价范围内的野生生物，维护评价区域的生态平衡，建议采取以下保护措施。

（1）项目在选址、选线过程中尽量避开林地，尽可能地不破坏区域内自然的栖息地。

（2）在施工过程中，应加强施工人员的管理，禁止施工人员对野外植被滥砍滥伐，破坏沿线地区的生态环境。

（3）施工期要加大对保护野生动物的宣传力度，大力宣传两栖动物、爬行动物、鸟类对农林卫生业的作用。

（4）在车辆行驶中，遇见动物通过时应避让。施工结束后，应采取相应的恢复替代措施，如对破坏植被进行恢复等。

（5）合理安排施工进度，非特殊情况施工期不得延长。应负责编印宣传保护环境、保护水生野生动物的材料，发放给各承建方，对全体施工人员进行保护区环境保护的教育，以提高施工人员的环境保护意识。此外，应在取水点上下游河段实时监控水量变化，保证河流的生态基流，尤其在极端枯水季节和压裂时间段。

6.5.2.4 生态敏感区保护措施

（1）避免在自然遗产地、文物保护单位建设控制地带、风景区内设置钻井平台，若无法避免的，必须征得管理部门的同意方可设置。

（2）不得占用风景区用地进行临时土石方堆放。

（3）加强施工管理，车辆进入风景区范围应减速慢行、减少鸣笛；施工人员进入风景区范围不得随意采摘植物、捕猎。

（4）基本农田保护措施

① 严格执行《中华人民共和国土地管理法》《基本农田保护条例》《关于进一步做好基本农田保护有关工作的意见》中的相关规定。占用的基本农田应按照占多少、垦多少的原则，负责开垦与所占基本农田的数量与质量相当的耕地；没有条件开垦或者开垦的耕地不符合要求的，应当按照省、自治区、直辖市的规定缴纳耕地开垦费，专款用于开垦新的耕地。

②建设前期应该采取的措施有：

a. 优化选址、选线。本项目选址占用农耕区、管线穿越农耕区，在选址、选线过程中应注意尽量避开基本农田、不破坏其水利设施。

b. 合理安排工期。占用农田的施工活动尽量安排在农作物收获期以后进行，以减少农业生产损失。

c. 施工便道应避开基本农田设置，减少基本农田的占用。

d. 建设单位应严格执行国家及地方法律法规有关基本农田征占审批和补偿的规定。

e. 建设单位在完成土地使用审批手续后应及时施工建设，严禁闲置基本农田。

6.6 小结

以威远地区为典型示范区，综合考虑页岩气储量，以及页岩气开发的水资源条件、环境影响、环境风险、成熟度等因素，在水环境和生态环境承载力评价的基础上，分析威远地区页岩气开发的环境可行性，提出短期和中长期适度的页岩气开发规模和水资源开发利用配置方案。通过页岩气开发生态环境承载力评价，确定威远地区开发的生态环境风险。结果表明：①威远水资源承载力评分为 0.87＜1，水环境承载力评分为 1.26＞1，综合水环境承载力超载，评估风险等级为重度，预测 2020 年和 2030 年页岩气可利用水量为 0.58 亿 m^3 和 0.86 亿 m^3，计算威远县剩余环境容量为 −8 110.3 t，没有环境容量。因此威远地区页岩气开发不允许向周边河流排放废水。②计算得到页岩气开发建设用地压力状态指数为 −0.994＜0，评价状态为承载，耕地开发压力状态指数为 0.191＞0，评价状态为承载，威远县页岩气开发土地资源承载力基础状态为可载。威远县页岩气开发生态环境状况评价结果为 59.550 62，评价分级为良。生态系统弹性力为 0.65，评估等级为较稳定，资源环境承载力为 0.69，属于较高承载状态，生态系统承压度为 0.41，小于 1，评估结果为承载低负荷，整体来说资源比较丰富和环境良好，生态系统承压能力较强，适合页岩气的开发。

结　语

（1）本书根据页岩气开发特点，总结了水环境承载力和生态环境承载力的研究现状，引入水环境和生态环境承载力的评价方法，对当前页岩气的绿色开发进行指导。书中梳理了水环境承载力和生态环境承载力的定义，总结了水环境承载力和生态环境承载力的研究现状；介绍了页岩气开发对水资源、水环境和生态环境的影响。在水环境方面，页岩气开发会消耗水资源，平均单井用水 2.25 万～3.6 万 m^3，综合返排率约为 39%。通过分析页岩气开发工程概况，确定了页岩气开发对水资源影响节点主要是钻井阶段的钻井用水和压裂阶段的压裂用水，占总用水的 70%～98%。页岩气开发产生废水主要是钻井废水、返排液和气田水，返排液回用率约为 85%；不回用的废水拉运至有资质单位进行处理。在生态方面，页岩气开发会占用土地资源，按占地性质分为永久占地和临时占地，其中永久占地主要包括井站、集气（总）站、脱水站、外输末站、进场道路和施工便道等，占地面积为 3 997～8 197 m^2。临时性占地主要包括井站、集气支线、集气干线等集输气管道和道路工程等，占地面积为 5 000～9 200 m^2。同时页岩气的油基钻井液会对土壤造成一定污染，并对研究区周边动植物造成影响，严重破坏征地范围内的地表植被。

（2）通过识别页岩气开发对水环境的影响因素，以“压力—支持力”为核心，分析页岩气开发对水资源和水环境的影响因素，筛选评价指标，建立了页岩气开发水资源承载力和水环境承载力评价指标体系。采用“模糊—层次分析法”确定指标权重，根据加权指数法对评价结果进行分级，构建页岩气开发水环境承载力综合评价模型。以近期和远期相结合、流域和区域相结合、综合利用和保护相结合为原则，采用水资源供需平衡法，建立页岩气开发水资源承载规模量化模型。同时，根据研究区页岩气排污量，明确研究区水环境容量，进而确定页岩气开发规模。

（3）根据页岩气开发对生态环境影响分析，结合《资源环境承载能力和国土空间开发适宜性评价指南（试行）》，建立了基于页岩气开发建设用地压力状态指数和耕地开发压力状态指数的页岩气开发土地资源承载力评价方法。根据《环境影响评价技术导则 生态影响》（HJ 19—2011），建立页岩气开发区生态环境状况评价方法，分析研究区的生态环境背景值。以可持续发展理论、生态承载力理论、生态学理论为基础，结合页岩气开发区域环境影响特征，构建基于生态系统弹性力、资源—环境承载力、生态系统压力的适用于页岩气开发区域生态承载力研究的评价模型，提出综合评价的分级依据。依据评价模型，构建页岩气开发区域生态承载力评价的分级指标体系，并确定指标体系的量化方法。

（4）以威远地区为典型示范区，综合考虑页岩气储量，以及页岩气开发的水资源条件、环境影响、环境风险、成熟度等因素，在水环境和生态环境承载力评价的基础上，分析威远地区页岩气开发的环境可行性，提出短期和中长期适度的页岩气开发规模和水资源开发利用配置方案。通过页岩气开发生态环境承载力评价，确定威远地区开发的生态环境风险。结果表明：①威远地区水资源承载力评分为0.87＜1，水环境承载力评分为1.26＞1，综合水环境承载力超载，评估风险等级为重度，预测2020年和2030年页岩气可利用水量为0.58亿m^3和0.86亿m^3，计算威远县剩余环境容量为－8 110.3 t，没有环境容量。因此威远地区页岩气开发不允许向周边河流排放废水。②计算得到页岩气开发建设用地压力状态指数为－0.994＜0，评价状态为承载，耕地开发压力状态指数为0.191＞0，评价状态为承载，威远县页岩气开发土地资源承载力基础状态为可载。威远县页岩气开发生态环境状况评价结果为59.550 6，评价分级为良。生态系统弹性力为0.65，评估等级为较稳定；资源环境承载力为0.69，属于较高承载状态；生态系统承压度为0.41，小于1，评估结果为承载低负荷，整体来说威远页岩气资源比较丰富和环境良好，生态系统承压能力较强，适合页岩气的开发。

（5）为详细定量评价页岩气开发水和生态环境承载力的大小和状态，选择了多极关联评价模型，但由于指标分级对评价结果影响至关重要，且指标分级的依据或标准不一，如何合理确定指标分级标准值仍需继续深入探讨。另外，不同地区的页岩气开发环境条件不同，如何保证水和生态环境承载力评价指标的筛选与分级科学地反映页岩气环境承载状态需要进一步研究。因此，后期研究目标为：①进一步完善页岩气开发水和生态环境承载力评价指标和分级体系，保证环境承载力评价模型的科学性和完整性。②进一步分析页岩气开发对周边水和生态环境影响，更好地指导页岩气产业科学、合理、健康、有序、可持续的发展。③进一步分析水和生态环境承载力量化方法，确保承载力量化方法可以客观地反映页岩气开发与环境承载关系。

参考文献

[1] 石月珍，赵洪杰．生态承载力定量评价方法的研究进展［J］．人民黄河，2005（3）：6-8.

[2] 王俭，孙铁珩，李培军，等．环境承载力研究进展［J］．应用生态学报，2005，16（4）：768-772.

[3] 常正乾．区域水资源承载力概念及研究方法的探讨［J］．居舍，2020（3）：177，194.

[4] 陈伟．水资源承载力的研究进展［J］．纳税，2017（12）：141.

[5] 屈豪，包景岭，张维．水环境承载力研究分析与展望［J］．河北地质大学学报，2017，40（5）：25-30.

[6] 赵东升，郭彩贇，郑度，等．生态承载力研究进展［J］．生态学报，2019，39（2）：399-410.

[7] 王中根，夏军．区域生态环境承载力的量化方法研究［J］．长江职工大学学报，1999，16（4）：9-12.

[8] 高吉喜．可持续发展理论探索——生态承载力理论、方法与应用［M］．北京：中国环境科学出版社，2001.

[9] 赵秀永．生态足迹分析法在生态持续发展定量研究中的应用——以南京市 1998 年的生态足迹为例［J］．农村生态环境，2003，19（2）：58-60.

[10] 徐中民，程国栋，张志强．可持续性定量研究的新方法——以张掖地区 1995 年的生态足迹计算为例［J］．生态学报，2009，21（9）：1484-1493.

[11] 张徽，周蔚，张杨，等．我国页岩气勘查开发中的环境影响问题研究［J］．环境保护科学，2013，39（4）：133-135.

[12] 王世谦．页岩气资源开采现状、问题与前景［J］．天然气工业，2017，37（6）：115-130.

[13] 彭民，陈君曦，董金涛，等．我国页岩气开发区域水环境差异及保护政策［J］．环境工程，2017，35（1）：151-154，123.

[14] 邹才能，董大忠，王社教，等．中国页岩气形成机理、地质特征及资源潜力［J］．石油勘探与开发，2010，37（6）：641-653.

[15] 董大忠，王玉满，等．中国页岩气勘探开发新突破及发展前景思考［J］．天然气工业，2016，36（1）：19-32.
[16] 李劲，孙刚，李范书．页岩气开发中的水环境保护问题［J］．石油与天然气化工，2014，43（3）：339-344.
[17] 张庆，熊运实，郭志红，等．长宁、威远、昭通三个区块页岩气开发产能建设项目环境影响报告书［R］．北京：中国石油集团安全环保技术研究院，2015.
[18] 林奇，王丹，杨兴华，等．页岩气开采对水环境的影响及其治理技术研究［J］．环境科学与管理，2017，42（1）：55-58.
[19] 贾婉琳，曾勇，张强斌，等．页岩气开采用水量影响因素分析［J］．油气田环境保护，2018，28（2）：46-50，56，62.
[20] 梅绪东，张思兰，熊德明，等．涪陵页岩气开发的生态环境影响及保护对策［J］．西南石油大学学报（社会科学版），2016，18（6）：7-12.
[21] 张徽，周蔚，张杨，等．我国页岩气勘查开发中的环境影响问题研究［J］．环境保护科学，2013，39（4）：133-135.
[22] 王超．重庆涪陵页岩气开采区的景观生态风险评价［J］．环境保护科学，2019，45（2）：101-106.
[23] 徐志青，刘雪瑜，袁鹏，等．南京市水环境承载力动态变化研究［J］．环境科学研究，2019，32（4）：25-32.
[24] 曾现进，李天宏，温晓玲．基于 AHP 和向量模法的宜昌市水环境承载力研究［J］．环境科学与技术，2013，36（6）：200-205.
[25] 孟猛，倪健，等．地理生态学的干燥度指数及其应用评述［J］．植物生态学报，2004，28（6）：853-861.
[26] 于义彬，毕守海，陶月赞，等．建设项目水资源论证导则：GB/T 35580—2017［S］．北京：中华人民共和国水利部，2017.
[27] 徐志青，刘雪瑜，袁鹏，等．南京市水环境承载力动态变化研究［J］．环境科学研究，2019，32（4）：25-32.
[28] 张岩祥，肖长来，刘泓志，等．模糊综合评价法和层次分析法在白城市水质评价中的应用［J］．节水灌溉，2015（3）：31-34.
[29] 刘园园，许光泉，朱代双．模糊综合评判法在淮南市浅层地下水评价中的应用［J］．地下水，2012（4）：16-19.
[30] 张骏鹏，卓文珊，周月英，等．基于模糊综合评判法的湛江市区地下水水质变化分析［J］．亚热带资源与环境学报，2013，8（3）：44-51.

［31］邬彬，车秀珍，陈晓丹，等．深圳水环境容量及其承载力评价［J］．环境科学研究，2012，25（8）：953-958.

［32］WANG Jiayang, WEI Xia mei, QIAN Guo，et al. A three-dimensional evaluation model for regional carrying capacity of ecological environment to social economic development: Model development and a case study in China[J]. Ecological Indicators Integrating Monitoring Assessment & Management, 2018，89：348-355.

［33］张秀梅．河流水环境容量估算和分配的研究［J］．环境与发展，2019，31（5）：195，197.

［34］刘生宝，李晋杰，孙国才，等．基于综合指数法的小城镇地下水饮水安全评价［J］．环境科技，2010，23（s1）：46-48.

［35］刘婷，肖长来，王雅男，等．基于中心点三角白化权函数的灰色评估法在地下水水质评价中的应用［J］．节水灌溉，2013（5）：26-28.

［36］李沿英．煤层气开采区生态承载力评价研究［D］．太原：太原理工大学，2014.

［37］姚晓军．煤炭开发区域的生态承载力研究［D］．西安：西北大学，2008.

［38］岳晓燕，宋伶英．土地资源承载力研究方法的回顾与展望［J］．水土保持研究，2007，14（4）：416-422.

［39］环境保护部．生态环境状况评价技术规范（发布稿）[R/OL].（2015-3-13）[2020-12-7]. http://www. mee. gor. cn/ywgz/fgbz/bz/bzwb/stzl/201503/W020150326489785523925.pdf.

［40］姚晓军．煤炭开发区域的生态承载力研究［D］．西安：西北大学，2008.

［41］李沿英．煤层气开采区生态承载力评价研究［D］．太原：太原理工大学，2014.

［42］陆廷清，胡明，刘墨翰，等．页岩气开发对川渝地区水资源环境的影响［J］．科技导报，2016，34（23）：51-56.

［43］张虹，张代钧，卢培利．涪陵焦石坝页岩气开采区土地损毁的生态风险评价［J］．生态学报，2017，37（17）：5807-5817.

［44］董普，桂蕾，滕宇．我国页岩气开发生态保护评价模式研究［J］．中国矿业，2014，23（1）：58-61.

［45］王瑞，李嘉．引水式水电站减水河段的水温、流速及水深变化对鱼类产卵的影响分析［J］．四川水力发电，2010，29（2）：76-79.

［46］郭娜，王伯铎，崔晨，等．榆林市生态环境承载力评价分析［J］．中国人口、资源与环境，2011（S1）：104-107.

［47］洪伟，吴承祯，彭赛芬．福建省森林植被潜在生产力的估算及其分析［J］．农业系统科学与综合研究，1999（1）：50-55.
［48］方精云，刘国华，徐嵩龄．我国森林植被的生物量和净生产量［J］．生态学报，1996，16（5）：497-508.
［49］吴见，曹代勇，张继坤，等．煤炭开采的生态环境承载力评价——以山西省为例［J］．安全与环境工程，2009（3）：22-24，29.
［50］徐绪堪，赵毅，成春阳．西安市水资源可持续利用预警分级［J］．水资源保护，2017，33（5）：25-30.
［51］蒋裕强，董大忠，漆麟，等．页岩气储层的基本特征及其评价［J］．天然气工业，2010，30（10）：7-12.